盲信号技术在地球物理中的应用

胡祥云　左博新　著

科学出版社

北京

内 容 简 介

本书主要介绍了盲信号方法在地球物理重、磁、电信号处理中的相关研究。以盲信号方法和重、磁、电的相关理论为基础，探索了盲信号在地球物理数据处理中的一些前沿问题。本书主要包括盲信号方法的相关研究背景、盲信号方法的数学基础理论、盲信号大地电磁数据处理、盲信号地球物理势场数据处理、盲信号相关求解算法等内容，是作者及其研究团队针对上述内容进行系统性概括和总结的产物。

本书适合地球物理相关专业的本科高年级学生、研究生阅读，也可供高校、研究所等从事地球物理相关研究的人员参考。

图书在版编目(CIP)数据

盲信号技术在地球物理中的应用/胡祥云，左博新著. —北京：科学出版社，2015.12

ISBN 978-7-03-046922-9

Ⅰ.①盲… Ⅱ.①胡… ②左… Ⅲ.①盲信号处理-应用-地球物理勘探 Ⅳ.①P631

中国版本图书馆 CIP 数据核字(2015)第 309585 号

责任编辑：张颖兵 杨光华/责任校对：何 念
责任印制：高 嵘/封面设计：苏 波

科学出版社 出版

北京东黄城根北街 16 号
邮政编码：100717
http://www.sciencep.com

武汉中远印务有限公司印刷
科学出版社发行 各地新华书店经销

*

开本：787×1092 1/16
2015 年 12 月第 一 版 印张：10 1/4
2015 年 12 月第一次印刷 字数：243 000
定价：108.00 元
(如有印装质量问题，我社负责调换)

序

　　中国的国民经济建设举世瞩目,特别是在"一带一路"的宏伟蓝图规划下,国民经济建设中各行各业对矿产品资源的需求量巨大。尤其是金属矿产,例如金、铜、铅、锌等各种有色金属矿,实际上一直处于"供不应求"的状态。如何解决目前的资源供应困境,发展地球物理勘探新方法,"攻深找盲",寻找大矿、富矿,提高 500 米以下深部隐伏矿产的勘探能力,成为当前地球物理科研工作研究的重点。在这样的背景下,通过创新驱动地球物理学科的发展,解决国民经济生产中的实际问题,探索深部资源勘探的规律和方法,是我国社会发展的需求,必将有益于我国经济建设的持续健康发展。

　　深部找矿是一个富有挑战性的科学研究领域,受地质构造复杂、探测仪器分辨率相对较低等诸多困难因素的限制,存在较大的不确定性和风险性。研究先进的地球物理深部勘查技术和方法,进行深部矿产资源精确定位预测,提高深部资源勘探的可靠性,是目前世界范围内地球物理研究的热点方向。探索综合多学科领域先进的理论和技术,将盲信号方法应用于地球物理深部探测,进行交叉学科研究,协同创新,开阔地球物理深部探测方法数据处理的研究思路,是地球物理科学研究发展的趋势之一。

　　盲信号处理方法对解决语音、通信、图像、生物医学、水下声学等领域中的实际工程应用问题,具有显著的有效性。越来越多的科研工作者采用盲信号方法进行科学研究,相关的成果报道频繁地出现在国际学术期刊和会议中。目前,盲信号在地球物理重、磁、电等领域的研究尚处于起步阶段,国内外相关的研究相对较少。从理论体系上看,盲信号方法非常适合地球深部探测信号处理。地球物理的观测信号中各种信号的混合较为复杂,目前人们对地球深部的复杂结构认识有限,地球物理深部勘探中往往缺少深部靶区的地质资料和先验条件支持,缺少丰富的先验地质信息可以利用。在这种情况下,使用盲信号方法对观测信号中的各种信息成分进行提取和分类,符合实际工作条件,利用该方法解决实际的地球物理深部勘探问题是合理的、可行的。将盲信号应用在地球物理领域是一个非常有潜力的研究新领域,有可能会发展成为地球物理重、磁、电、震等领域数据处理的研究新方向。

　　作者阐述了采用盲信号理论和方法,针对地球物理重、磁、电深部探测所面临的问题和挑战,在数据处理理论模型和算法设计等方面,进行了创新实践和尝试,研究取得了卓有成效的成果。同时,也显示出盲信号方法在深部探测应用中,具备相当的方法优势和广阔的研究发展空间。希望通过本书的出版,为盲信号方法在地球物理重、磁、电领域的应用和推广,起到一定的积极推动作用;也为综合多学科的地球物理矿产资源勘探技术,开拓新的研究模式和思路。

　　科学重在发现,技术贵在设计,对于科技而言,创新则是其灵魂。人类科学的发展一直是在勇于探索中前进。新理论、新方法的尝试与创新以及交叉学科领域的研究会具有风险性,在过程中也有可能会出现曲折和困难。希望科研工作者能一直坚持下去,不断开阔思维,深化实践探索,将盲信号方法发展成为一套成熟的地球物理深部勘探技术和方法。

中国科学院院士

2015 年 12 月 5 日

前　言

地球物理探测信号中，复杂的地质结构信息、异常体信息、噪声和各种干扰源信息混杂其中，如何从接收到的信号中准确地提取探测目标矿体的信息？这正是盲信号方法想解决和正在解决的问题。

信息技术的飞速发展，促使信息科学在设备研发和理论创新上都有了长足的发展，盲信号方法广泛的应用背景和很好的实践效果，吸引了众多学者的关注。盲信号方法在遥感图像处理、医学影像分析、声学信号处理、地震信号处理等领域已取得了重要的突破。与此同时，随着地球物理探测深度的加大，重、磁、电等探测方法所接收到的探测信号中，混杂的误差成分越来越多、越来越复杂，给异常提取、正反演计算带来了极大的干扰，需要采用一定的技术手段进行处理，分离各种不同的信号成分。将盲信号方法应用于地球物理信号的混合信号分析，分离出各种误差干扰成分，具有很好的交叉学科研究优势和广阔的研究发展前景。在研究过程中我们发现，目前国内外尚无集中介绍盲信号方法在地球物理重、磁、电信号处理中的应用的相关书籍，这也是我们出版此书的重要原因。

本书所列相关成果内容是在课题科研团队共同努力下完成的。其中胡祥云总体设计，并撰写了第1章，第4章（部分）和第5章（部分），左博新撰写了第2章、第3章（部分）第4章（部分）和第5章（部分），韩波撰写了第3章（部分），最后全书由胡祥云汇总和整理。我们希望本书的出版,有助于读者较为系统地认识盲信号理论及其在地球物理勘探中的应用,推动盲信号方法在地球物理领域中的研究发展。在前期的科研工作中、以及书稿的撰写过程中,得到以下基金、项目的支持:国家自然科学基金(批准号:41274077,41474055,41004049)、国家重点基础研究发展计划项目(编号:2013CB733200)、中国地质调查局工作项目(编号:12120113101800),湖北省自然科学基金(批准号:2015CFA019)、中央高校基本科研业务费专项基金摇篮计划项目(编号:CUGL140401)以及中国科学院测量与地球物理研究所重点实验室开放基金(编号:SKLGED201412E)。

　　由于作者水平有限,书中不足之处在所难免,恳请批评指正。

胡祥云

2015 年 12 月

目　　录

1 绪　论

1.1　引　言

随着我国经济建设的快速发展和工业化进程的不断推进,迫切需要大量的矿产资源作为发展的支撑动力。经过几十年的勘探和开采,我国浅层矿藏的资源供给增加速度已经开始下降,部分大型矿山的浅层矿藏资源甚至已经枯竭,多种矿产品长期以来处于"供不应求"的状态。在这样的大背景下,加快我国深部资源勘探工作,寻找有价值的深部矿产资源,是现阶段矿产资源勘探工作的重点。目前,国内外的矿产勘探的焦点逐渐向深部矿和隐伏矿转移,勘探目标逐步由 500 m 以上的浅层空间,转向 500 m 以下的深部空间。国内在深部矿的勘探方面也进行了卓有成效的尝试,在红透山铜矿、皮夹沟金矿等矿山的开采深度均超过了千米。国外的深部矿勘探开展得较早,南非的 Anglogold 金矿开采深度为 3 700 m,WestDriefovten 金矿探测深度达到了 6 000 m,在美国、澳大利亚和俄罗斯也有不少的金属矿山的开采深度超过千米。总体上,深部矿产资源勘探具有巨大的开发潜力和前景。

　　深部矿勘探由于矿体埋藏深度大,相比浅层矿更难于发现。特别是在地球物理重、磁、电方法的勘探中,深部异常体所引起的探测信号较为微弱,而浅层的地质结构会产生强烈的误差干扰。除此之外,深部探测还存在深部复杂地质结构干扰等一系列因素。此外,人类对于深部地质结构的了解相对较少,常规的浅层探测数据处理手段和数据分析经验不能完全适用于深部探测,导致深部矿体异常的圈定相对较为困难。总体上,深部矿产的勘探存在较大的风险性和不确定性。因此,有必要研究和采用先进的技术手段,探索适合于我国深部矿探测的地球物理数据处理方法,提高深部矿体的探测精度和可靠性,对我国深部资源的开发和利用,具有重要的科学研究价值和实际应用价值。

　　盲信号处理(blind signal processing,BSP)是 20 世纪末出现并发展起来的一种新型的信号处理方法。该方法最初来源于对多通道语音信号分离的应用研究中,用于解决语音信号处理中经典的"鸡尾酒"问题。将采集到的多路混合语音信号(如多个人的语音,不同的乐器声音等)分离出来,提取出各个单独通道的声音信号(Holland,1978)。盲信号处理属于交叉学科领域研究,其结合了信号处理、信息论和数学理论等多个学科的研究成果,并形成了具有完整理论体系支撑的新的研究方向。其应用范围也已经从最初的语音处理拓展到生物医学、信息通信、数据挖掘、模式识别、影像分析等多个不同的应用方向,并取得了不错的实际应用效果。相比其他的信号处理理论,盲信号方法的优势是可以在不依赖于过多的先验条件的基础上,将现有的观测得到的多通道混合信号,依据信号的特征和数学模型,直接进行分离和识别,方法的鲁棒性和适用性较强。

　　从盲信号方法的理论上分析,其适合于地球物理数据的处理。在未知实际地质结构信息的条件下,仅根据获取的观测信号和理论模型,盲信号方法就可以完成算法的初始化。基于盲信号理论的地球物理信号处理方法是一个极富有吸引力的新领域,它属于交叉学科领域研究,方法综合了地质、地球物理、数学、信号处理、人工智能等多个学科的知识。盲信号方法有可能较好地解决深部找矿中的一些关键性的技术问题,并有可能发展成为地球物理重、磁、电等领域新的数据处理研究方向。因此,发展地球物理重、磁、电方法的盲信号理论、方法和技术,对于深部矿产资源的勘探工作具有很好的实践意义和价值。

1.2　盲信号处理概述

1.2.1　盲信号处理问题描述

盲信号分离(blind signal separation,BSS)方法可以在不依赖于源信号和混合信号的先验条件下,将观测到的多路混合信号中的各个通道信号分离出来。盲信号的"盲"主要是指对于多路信源先验信息条件可以是未知的,例如,在盲信号语音处理中,仅知道总体的观测混合语音信号,不依赖其他的条件信息,通过盲信号方法可以将各个语音分量信息提取出来,这一点往往是其他信号处理方法所不具备的。在地球物理工程应用中,观测信号通常是由多个在不同深度的异常体所产生的异常信号混合而成,可以被视为不同分辨率的多个通道的信号共同形成了总体的观测异常。盲信号的主要目标是在各种干扰异常未知的情况下,将探测感兴趣的深部异常信号,从总体的观测异常信号中提取出来。

从数学表达形式上分析,盲信号问题可以表达为如下的形式:根据多个传感器可以得到一组观测信号 $g(t)=[g_1(t),g_2(t),\cdots,g_n(t)]^{\mathrm{T}}$,并假设信号满足稳态性条件。通过对真实模型 $s(t)=[s_1(t),s_2(t),\cdots,s_n(t)]^{\mathrm{T}}$ 正演过程的计算和反问题的求解,得到真实参数模型的估计值 $x(t)=[x_1(t),x_2(t),\cdots,x_n(t)]^{\mathrm{T}}$。在实际问题的求解过程中,大多数的信号正演过程较为复杂,并混入有各种干扰误差,盲信号的求解过程存在较大的不确定性。因此,估计模型 $x(t)=[x_1(t),x_2(t),\cdots,x_n(t)]^{\mathrm{T}}$ 通常是真实模型 $s(t)=[s_1(t),s_2(t),\cdots,s_n(t)]^{\mathrm{T}}$ 的近似解。

盲信号方法根据应用背景的不同,可以被分为多个类别,如多通道盲反褶积、独立分量分析、盲信号提取、盲源分离(Amari,1998)等,以上各种方法都可以归属于盲信号方法中。在不同的应用中,根据获取的信道传递函数和源信号的特征条件的不同,采用相应方法进行计算。盲源分离方法和独立分量分析方法在理论上具有一定的相似性,都是基于独立统计特征的分析方法,盲源分离方法对于各通道的特征统计独立性没有严格要求,但假定信号具有时序性。而主成分分析方法要求各个通道的源信号在统计上是完全独立的,其通常使用高阶统计量方法建模。此外,各种方对于统计特征也有不同的要求,高阶统计方法不适合于高斯分布信号的分析(Cichochi and Amari,2001)。

已知源信号和信号的混合过程求解各个分量信号,通常存在多解,并且可能存在多个合理解的情况,这种情况在数学上被认为是解空间的伸缩和时滞。因此,盲信号在处理过程中除了已知观测信号外,需要其他的辅助信息的支撑。对于盲信号的研究表明,更多条件信息的加入有助于求解精度的提高。在实际的应用中,如何选择和加入有效条件信息,也是盲信号领域的研究热点问题。

1.2.2　盲信号处理的发展历史

盲信号的先驱工作是由 Jutten 和 Herault(1991)两位学者于 20 世纪开展的,他们提出了一种自适应的信号处理算法,在信源未知的条件下,成功分离了两个混合的独立信号。此后他们和 Comon 等(1991)以及 Sorouchyari(1991)等在期刊"Signal Processing"上提出了盲信号的概念和理论,奠定了盲信号的研究基础,并掀起了盲信号的研究热潮。Tong 等(1991)研究了盲信号方法的收敛性和不确定性,并将高阶统计的方法引入到了盲信号方法中。Comon(1994)提出了独立分量分析方法,并讨论了瞬时信号混叠分离问题。Comon 将目标函数和优化算法引入了对独立分量分析的研究中,采用 Kullbak-Leibler 准则作为对比函数(contrast function),提出了基于特征分解的独立分量分析方法。Cardoso 和 Laheld(1996)发展了基于高阶统计的盲信号方法,并将其成功应用于波传播分析中。

Bell 和 Sejnowski(1995)将信息论引入到了盲信号方法中,通过建立最大化熵目标函数,提出了一种基于信息论方法的自适应盲反卷积方法。Amari 等(1996)发展了这种方法,并结合互信息方法进行了人工神经网络的研究,通过建立前馈学习网络进行混叠信号的盲源分离。Hyvarinen(1998)与 Girolami 和 Fyfe(1997)对基于信息论的盲信号方法进行了发展,使其可以适用于非高斯性的源信号的分离。

在工程应用中存在大量的实际问题,其信号的混叠和传输过程以褶积的方式出现。因此,盲反褶积信号理论和方法的研究,一直是盲信号领域研究的热点。Yellin 和 Wensten(1994)最早提出了基于高阶谱的盲系统辨识和盲反褶积方法。Thi 和 Jutten(1995)提出了基于机器学习的四阶矩盲反褶积方法。Lee 等(1999,1997)基于最大传输和最大似然准则建构了基于频率域的盲反褶积算法,并将其拓展到了非高斯分布信号的处理中。

在观测数据中通常会包含有各种形式的误差,通常以非线性的形式进行叠加。非线性强干扰条件下的盲源分析相比线性情况,在算法和理论上更具有挑战性。采用盲信号方法进行噪声压制,是盲信号方法最早的应用实践之一,也取得了很好的效果。Pajunen 等(1996)利用最大似然方法针对噪声和信号的不同分布特征进行盲源分离研究,并提出盲反褶积噪声压制算法。Moulines 等(1997)同样依据概率模型提出了期望最大化(expectation maximizing,EM)盲源分离噪声压制算法。对于非线性信号混合模型,早期的研究包括 Burel(1992)采用两层带反馈的神经网络学习方法进行无监督盲源分离。Taleb 等(1999)、Yang 等(1998)以及 Pearlmuter 等(1996)利用非线性结构神经网络,结合互信息等方法建立目标函数进行非线性独立成分分析。Pajunen 等(1996)则采用自组织映射网络代替传统的神经网络进行了非线性盲源分离尝试。采用神经网络进行非线性盲源分离研究中,对于神经网络结构的选取一直是研究的热点,传统的研究认为两层神经网络是最优结构,两层以上的神经网络在运算结果和效率上不具备更大的优势。但近期的研究表明,两层以上的多层复杂神经网络可以提供更为准确和有效的非线性分离结果,从生物仿生学角度考虑,人脑具备多层次非线性复杂网络结构,其可以提供更为智能的分析结果。因此,笔者认为多层非线性神经网络在研究上具有很大的潜力和前景。

　　盲信号研究起源于实际应用中,经过多年的发展,盲信号方法已拓展到多个领域中,并在实践探索中逐渐发展和成熟。在医学图像分析、脑电信号分析(Makeig et al.,1997)、核磁共振成像数据分析(Mckeown et al.,2007)、数字通信(Gustafsson et al.,2000)等领域,取得了很好的应用效果。目前,盲信号研究在多个学科领域中频繁出现,在美国加州大学、英国牛津大学等高等学府以及一些研究所中,涌现了一大批知名的研究团队和专家学者(杨尚明,2009)。从 1999 年到 2008 年,盲信号国际会议 International Conference on Independent Component Analysis and Blind Signal Separation,在法国、美国、英国、芬兰等地每年定期召开,之后随着盲信号理论的成熟和应用领域的拓展,盲信号方法逐渐作为研究热点和专题出现在其他应用研究领域的重要国际会议中,在语音、图像处理、信号处理、神经网络、机器学习、人工智能、数据挖掘、知识发现、模式识别等领域的国际期刊会议中,盲信号分离与 ICA 相关的论文数量逐年增加。并且盲信号的应用领域也在不断地扩展,越来越多的研究领域中开始出现盲信号的处理技术的应用。

　　国内在盲信号的研究上也取得了不少重要的成果。凌燮亭(1996)采用反馈式神经网络结合机器学习算法研究了近场状态下的信号盲分离。汪军和何振亚(1997)利用三阶和四阶累积量分析了瞬时混叠信号的盲分离问题,并分析提出了信号的可分离的条件依据。胡光锐等(2001)采用了振荡器神经网络,提出了一种基于听觉感知的语音信号盲分离算法。刘琚和何振亚(2002)将特征分析与信息论相结合,并将其引入到了盲反褶积的研究中,取得了很好的效果,并且算法具有较好稳定性和收敛性。朱孝龙等(2003)将递归最小二乘算法与自然梯度算法相结合,提出了一种分阶段的盲信号分离算法。张贤达和保铮(2001)讨论了非线性主成分分析方法,并对盲信号方法进行了较为全面的综述。楼红伟(2003)针对噪声条件下的语音识别问题,研究了基于小波变换的盲信号分析算法。胡光锐(2001)则基于听觉现象分析模型,采用振荡神经网络提出了一种语音盲信号分离方法。刘建强和冯大政(2003)讨论了非平稳信号的盲信号分离,采用特征值矩阵的联合对角化方法计算混合矩阵。章晋龙等(2005)以矩阵 QR 分解为基础,讨论了多通道均匀分布混合信号的盲分离问题。游荣义等(2004)结合小波分析将盲信号方法应用于脑电信号的分离研究中。何培宇等(2002)利用先验信息条件简化语音信号分离分析,算法进行了 DSP 系统的实践检验,算法在双通道混合语音分离效果和分离效率上有明显的提高。在盲信号方法相关的理论研究方面,曹希仁等学者(Cao and Liu,1996)讨论了盲信号问题的可解性,从理论上说明了盲信号分析是可行的。

随着国内学者对盲信号处理研究的不断深入,一些相关专著也相继出版。张贤达(1996)出版了《时间序列分析:高阶统计量方法》一书,全面介绍了盲信号时间序列分析和高阶统计量方法。杨福生和洪波(2006)出版了关于盲信号独立分量分析的专著,介绍了盲信号独立分量分析的原理和工程应用。马建仓等(2006)与史习智(2008)也分别出版了盲信号方面的相关专著,系统地介绍了盲信号处理的基本理论,以及盲信号算法的各种模型、算法和最新的研究方向。

近年来,盲信号的应用研究成果频繁出现在 *Nature*、*Science*、*Geophysics*、*GJI*、*GJR*、*IEEE* 系列等权威学术杂志上,在地球物理、生命科学、数字信号处理、机器视觉、人工智能、模式识别等领域的学术论文逐年增多,并且领域方向也在不断的扩展中。总体上,盲信号的学术研究逐渐成为了各个学科领域的热点问题。

1.3　盲信号的应用

1.3.1　语音系统盲信号处理

数字语音信号处理是盲信号方法起源的应用领域。人们通过对经典的"鸡尾酒会"问题的思考,尝试探索一种新的方法来解决多通道信号混叠问题的分离方法,进而产生了盲信号方法。可以说盲信号方法产生于应用背景下,是一种实践性很强的方法。

在实际中,"鸡尾酒会"问题涉及很多的条件参数,有其自身的应用特点。例如:每个语音数据采集通道都具有不同的传递退化函数,必须要利用先验条件对各个通道的传递函数进行反褶积计算。而导致退化函数变化的原因有很多,例如:传感器的器件电气性能传递函数,受温度、湿度以及电流影响等产生的退化函数。单通道的语音信号恢复问题本身就是一个复杂的反问题求解计算。此外,声源和采集传感器的环境位置参数也会对信号的混叠问题产生影响。另一个比较重要的影响是,信号采集环境的噪声、混响特性和吸收特性。考虑到信号一般在密闭环境(如会议室)中采集,环境的反射特性和吸收特性也给信号带来传递函数退化问题。因此,数字语音盲信号问题的求解计算,需要动态的确定多个条件参数,才能建构出较为完善和可靠的语音混叠模型,通过多通道的盲反褶积计算,求解各个单独通道的信号。数字语音处理问题具有比较鲜明的代表性,类似的多通道混合问题通常都被称为"鸡尾酒会"问题。

数字语音盲信号处理另一个比较有趣的应用是利用该项技术,分离出多声部乐队各个声源的信息。Kawamoto 等(2000)成功地实现了复调器乐音频的多声部分离。Douglas(2002)利用该项技术分离了人声多声部合唱音频信息。Vincent(2005)则在此基础上分离出了更为复杂的交响乐乐器音频信号。总体上,盲信号在音频领域的应用发展得最早,应用范围也较为广泛和成熟,并且对盲信号技术在其他领域的应用产生了深远的影响。

1.3.2　盲信号在生物医学领域的应用

在生物医学领域,盲信号处理技术已得到了较为广泛的应用,例如:心电图（electrocardiogram，ECG）、肌电图（electromyogram，EMG）、脑电图（electroencephalogram，EEG）以及脑磁图（magnetoencephalogram，MEG）等领域都有盲信号方法的相关研究（Brookings et al.，2009；Choi 2005；Cichocki et al.，1994）。

医学信号的采集过程主要是通过接收直接或间接来自于人体的电磁信号，通过计算得到反映身体不同器官状况的测量数据，为病人的病情诊断和分析提供可靠的手段和依据。与语音信号的采集环境类似，医学信号中也存在较为严重的传递函数退化问题。并且，医学信号通常相对较为微弱，信号的信噪比较低。盲信号在医学信号分析中的主要作用包括：消除信号中的期间退化传递函数和来自其他组织的信号干扰，提高信号的信噪比；根据不同信号的时空分布特征差异，对不同来源的信号成分进行盲分离。

盲信号在医学领域最典型的应用是母体和胎儿的心电图信号的分离。从孕妇身上检测得到的心电图信号通常包含来自于母体和胎儿的心电图信号两个部分，分别检测这两个部分对于观测母体和胎儿的健康和发育状况具有重要的意义。采用盲信号方法，可以有效地将这两个信号单独分离出来，为诊断提供更为直观和准确的依据。

盲信号方法在医学领域另一个具有挑战性的前沿研究领域是脑部电磁信号的分析，作为主要的信号处理手段辅助对大脑运行机制的研究。随着医学探测手段的进步，人类可以方便获取更为详细的由大脑活动所引起的电磁信号，该信号通常是由脑部数以亿计的神经元之间的电信号传导所引起的。利用盲信号方法，对所获取的电磁信号进行分析，将大脑皮层具有特定功能的区域作为单独的偶极子，通过对来自不同区域的信号进行增强和解混，确定单独信源偶极子位置，从而实现对大脑皮层运行机制的精确分析和解释。

1.3.3   盲信号系统在数字通信领域的应用

盲信号方法是数字通信中主要的研究领域之一，涉及各种数字通信、广播，以及各种声波、电磁波探测等多种应用（Sklar，1996；Tugnait，1992；Proakis，1989）。盲信号方法主要被用来解决通信中的时延信号混叠问题。时延褶积信号混叠是由于多个未知的信号源，在不同的时间延迟混叠产生，相比瞬时信号混叠分析的盲分离，瞬时混叠是时延混叠的一种特例形式。因此，时延混叠信号的盲分离具有更大的难度。其中通信领域中最典型的应用是在一个信道中传输多路用户的通信信息。多个用户共享同一个通信频道同时通信,虽然可以采用码分多址等手段区分用户信息,但是由于噪声和信号衰减等原因,接收端信号往往不处于理想的正交可分状态。采用盲信号方法可以有效地增强信号,解决信号的可分性问题。此外,在海底声呐探测和雷达探测应用中,接收到的不同目标所形成的反射信号,也会存在严重的延时混叠问题,盲信号方法作为主要的解决技术手段,取得了很好的应用效果。

1.3.4　盲信号处理在图像处理领域中的应用

盲信号处理技术在图像处理领域应用十分广泛,涉及模式识别、机器视觉、图像增强、图像复原、图像理解、信息隐藏等领域。以图像复原为例,在图像的重构过程中,使用盲信号处理算法从含有退化效应的图像中分离出清晰的图像,消除退化的信号成分(如大气退化、光学器件退化等)。

长久以来,多领域的科学家和工程师一直在致力于探索解决误差退化问题,特别是在天文领域和军事应用领域,诸如湍流、气凝胶以及雾霾等各种因素所导致的图像退化给实际工程应用带来很大的影响,直接导致了探测目标精度的降低。在实际的应用中,观测图像 $g(x,y)$ 可以用真实图像 $f(x,y)$ 和一个退化冲激函数(point spread function,PSF)的褶积附加噪声 n 的模型表达。常规的线性和非线性反褶积方法需要在已知 PSF 的条件下对模型进行求解,这种条件下的图像复原问题被称为经典图像复原问题,此类问题在以往的研究中得到了很好的解决。其中包括许多著名的反褶积算法,如 Wiener 滤波器、子空间滤波、最小二乘方法等。但是在许多应用背景中,大多数情况下退化点扩展函数 PSF 未知,或者估计的 PSF 存在较大的误差,只能利用有限的先验条件知识,从观测数据中直接辨识模型和 PSF。相比一般的反褶积算法,由于褶积的两个变量都是未知的,算法对模型参数具有更大的不确定性和难度。在已知观测信号和少量先验知识的条件下,对退化模型中的真实模型信息进行分离求解,这种情况在盲信号方法研究中较为普遍。

1.3.5　盲信号处理在地球物理数据处理中的应用

盲信号在地球物理领域中早期的研究,主要集中在地球物理地震数据的降噪处理上。基于噪声的瞬时混叠模型首先被应用于地震数据的噪声盲分离算法研究(刘喜武等,2003),该研究认为地球物理地震数据和其中掺杂的噪声在统计上具有明显不同的特征,相邻两道的记录信号中噪声具有相似性。因此,该研究采用了独立成分分析方法,进行了噪声的分离和抑制,取得了较好的实际应用效果。在此基础上,陆文凯等(2004)将盲信号方法应用于人工地震方法的多次波自适应相减技术,独立分量分析技术将多次波自适应相减问题转化为多通道混叠源信号的分离问题。吕文彪等(2007)采用特征值分解法改进了盲信号独立分析算法,将其应用于叠后地震数据中加性噪声的消除,有效地提高了地震资料数据的信噪比。魏巍和刘学伟(2009)利用频谱分析研究了有效信号地震信号和工频干扰信号的特征,并利用盲信号方法中的 FastICA 算法消除地震记录中的工频干扰。总体上,盲信号在地球物理领域地震数据抗噪算法上的应用,取得了比较好的应用效果,为盲信号方法在地球物理方法中的研究提供了很好的研究思路(Begambre and Laier, 2009)。

1.3.6　盲信号处理方法的发展趋势

随着盲信号在工程中取得了越来越多的成功范例,其被应用的领域范围也在不断地拓展,研究也突破了传统的理论框架和模型,从确定性模型发展到非确定性模型,从一维语音信号处理发展到三维数据处理。在盲信号方法的发展趋势上,大致有以下几个方向:

1. 强干扰复杂误差模型的盲信号分析

在诸如地球物理观测、天文观测等复杂数据获取过程中,由于仪器电气性能限制、环境条件因素等原因,在观测数据中通常会存在各种强误差干扰因素。误差干扰的数据模型多种多样,其中包括各种瞬时模型、延时模型、空不变模型以及空变模型。要获取更为精确的估计模型,需要考虑并抑制这些误差干扰因素。在实际应用中,干扰因素存在很大的不确定性,例如:时变的湍流退化、随温度湿度变化的电器元件性能、电磁环境干扰等。因为观测数据受各种未知模型参数的影响,所以这些误差消除抑制问题都属于多通道盲信号信源分离问题。复杂误差模型的盲信号分离方法技术,一直是盲信号发展的一个重要的领域,并且该领域具有较强的实践性和针对性。需要针对具体应用的研究背景发展具体的理论和算法,解决在实际工程中遇到的问题,提高复杂系统观测数据的分析精度和稳定性。

2. 非线性混合与空变混合系统的盲分离

在工程应用中,绝大多数系统的信源混合方式都是非线性的,例如比较典型的褶积混合方式。非线性混合信号的盲信号分离研究属于病态反问题研究,该领域也是数学领域和工程领域研究的热点问题。此外,更为复杂的时变系统也在实际工程应用中经常出现,数据中含有不同空间位置、不同分辨率的信号,混叠方式具有高度的非线性特征。为了解决非线性分离问题,以往的研究提出了许多方法,例如:规整化方法、联合反演方法、约束反演方法等。目前该领域仍是研究的热点,盲信号方法与其他相关方法,例如反演方法等,在解决这个问题的研究思路上,具有很强的相似性。

3. 半盲信号分析方法的研究

所谓半盲信号处理是指在信号分离求解过程中,有一些直接或者间接的辅助信息可以加以利用。例如:在经典的语音信号分离问题中,在环境参数已知、传感器和声源位置已知的情况下,信号的分离问题可以归于"半盲"信号处理。普遍认为,更多的条件参数加入到求解过程中,有利于提高解的精度和可靠性。如何在问题求解函数中合理有效地加入先验条件参数,减少解的不确定性,将是在实际工程应用中,采用半盲信号算法时需要考虑的主要问题。实际上,通过前期的研究发现,大部分工程问题都有很多的相关先验条件可以利用。因此,笔者认为半盲信号分析将是盲信号研究的一个重要的发展趋势。

1.3.7 盲信号处理技术的优势

盲信号之所以在多个不同的应用领域中被广泛地采用,主要是由于其在问题求解过程中所需的条件参数和限制较少,允许多个未知参数同时存在,不需要学习样本支持。大多数情况下,应用一些经典的盲信号算法在具体的工程应用中,算法不需要做太多的改动,都可以收到明显的效果。总体上,采用盲信号处理方法具有以下几个较为明显的优势。

1. 对观测信号中存在的未知误差干扰成分进行抑制和消除

目前,对于瞬时加性噪声抑制的研究已经相当成熟,研究的热点集中在延时褶积误差等复杂形式干扰因素上。而大多数的工程问题的理论模型,都可以归结为褶积模型。特别是在误差干扰模型的研究上,褶积模型是一种主要的误差混入形式。因此,盲信号处理技术在抑制非线性复杂模型的误差干扰方面具有较强的方法优势。

2. 对于非线性系统问题具有很好的适用性

盲信号的研究是从非线性的应用背景中产生的,其解决的问题通常具有高度的非线性特征,解空间通常范围较广,可以在求解中利用和结合最先进的数值优化方法。从学科交叉研究的角度上分析,采用盲信号方法进行非线性问题研究,可以借鉴其他领域中的成功应用经验,具有一定的研究优势。

3. 不依赖于训练样本集和具体条件参数支持

盲信号方法主要不依赖于对应用背景的正演过程的分析和建模,机器学习方法只是其中的一种方法,在无法提供样本支撑的情况下,可以不依赖于大量的样本集训练。并且,在模型参数未知的情况下,盲信号方法对于估计存在较大偏差的算法估计参数,通常具有较好的算法鲁棒性表现。

4. 可以直接有效地加入各种先验条件参数,提高求解精度和效率

盲信号方法具有很高的灵活度:一方面其不严格限制已知条件;而另一方面,在实际的应用中,如果已知部分条件参数,可以将其作为先验条件或者边界条件,加入到算法的目标函数求解中,可以有效地增加解的精度,减少求解时间和空间复杂度。

总体上,盲信号方法作为一种先进的信号处理方法,虽然在地球物理重、磁、电等方法上尚没有得到广泛的研究和应用,方法研究更多的停留在理论分析和试验验证阶段,但是初步的研究表明,盲信号方法非常适合于地球物理信号的分析。笔者希望利用盲信号方法对各种地球物理信号进行分析研究,最终发展出实用、高效、更好的观测信号处理理论和技术,形成地球物理数据处理的新方法、新模式和新理论。

2 盲信号处理相关数学理论

本章主要介绍盲信号处理的相关数学分析和理论基础。盲信号理论部分一直在快速的发展,相关的学术刊物和发表论文分布较广。国内外众多学者也出版了大量的学术专著对盲信号的数学模型进行系统的阐述(余先川和胡丹,2011;孙守宇,2010;张发启等,2006;邹谋炎,2001;Ziolkowski,1984)。为使读者更为清晰地了解盲信号理论和方法在地球物理中的应用,本章根据国内外经典的理论分析论述,对于盲信号的数学基础部分进行简单的阐述,为后续的盲信号算法分析和设计章节提供理论支持和参考。盲信号的数学理论不是本书探讨的主要内容,更为详细的盲信号数学理论分析内容,读者可以详细参考本章所提及的相关著作和论文。

2.1　盲信号理论模型

不同的应用背景下,信号的混合方式不尽相同。一般而言,经典的盲信号理论将信号的混合模型分为瞬时线性混合模型、褶积混合模型和非线性混合模型三种类型。这三种模型涵盖了大多数应用中的信号混合方式。在地球物理中,这个过程可以被视为正演过程,或者用于表达误差与异常信号的混合。在一般性的应用中,盲信号混合过程基本上可以表示为图 2.1。

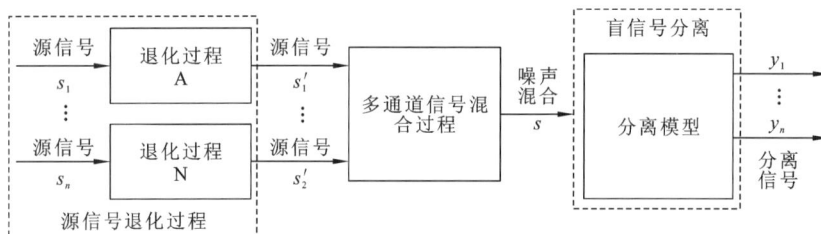

图 2.1　盲信号混合和分离过程示意框图

不同来源的信号从正演过程上分析,数值的分布可能具有较大的差异。采集到的观测信号可能是多个信源的线性混合,也可能是多信源的非线性混合,具体的混合类型多种多样。特别是在地球物理领域中,正演过程随着方法和应用的不同,以及计算所采用的正演模型不同而存在较大的差异,视所采用的方法而定。例如,普遍存在的加性噪声的混合是一种线性的瞬时混合。为了使多个源信号能够从观测信号中准确地分离出来,对信号的混合正演过程的研究,起到了至关重要的作用。算法要求对模型的选择和设计上,尽可能的符合实际的物理混合过程,并且能够满足各种先验条件的约束和验证。通常情况下,考虑到盲信号算法的限制,一般要求信源满足一定的条件假设,其中包括:

(1) 各信源在概率统计分布上相互独立分布,或信源之间互不相关,相互独立;

(2) 各信源信号满足特定的稳态分布或非稳态分布条件;

(3) 各信源的功率谱分布特征具有一定的差异。

以上假设不需要同时满足,一般的盲信号分离算法主要是根据其中一项的条件假设,建立目标函数,对源信号进行分离。盲信号算法通常对于源信号的非高斯概率分布也有一定的要求,但是随着盲信号算法范围的扩展,一些非确定性算法没有类似的条件限制。总而言之,对于所采用和设计的盲信号算法具体需要满足的条件,应视具体的正演混合过程和所采用的分离求解算法的种类而定。

2.2　盲信号处理相关的数学基础

2.2.1　瞬时混合模型

瞬时线性混合模型是盲信号正演混合模型中最为简单的一种,其可以被视为是延时混合模型中延时 $t=0$ 时的一种特例情况。数学表达形式为:假设一组 N 个相互独立源信号 $s_1(t),s_2(t),\cdots,s_M(t)$,通过一个线性瞬时混合系统,在不考虑噪声误差干扰的情况下,正演混合过程如下:

$$\begin{cases} x_1(t)=a_{11}s_1(t)+a_{12}s_2(t)+\cdots+a_{1N}s_N(t) \\ x_2(t)=a_{21}s_1(t)+a_{22}s_2(t)+\cdots+a_{2N}s_N(t) \\ x_M(t)=a_{M1}s_1(t)+a_{M2}s_2(t)+\cdots+a_{MN}s_N(t) \end{cases} \tag{2.1}$$

其中:$(x_1(t)\cdots x_M(t))$ 为已知的采集到的混合信号向量;M 为采样点的个数,加入噪声项 $n_i(t)$,将其表达为向量形式

$$\begin{bmatrix} x_1(t) \\ x_2(t) \\ \vdots \\ x_M(t) \end{bmatrix} = \begin{bmatrix} a_{11} & a_{12} & \cdots & a_{1N} \\ a_{21} & a_{33} & \cdots & a_{2x} \\ \vdots & \vdots & \vdots & \vdots \\ a_{M1} & a_{M2} & \cdots & a_{MN} \end{bmatrix} \begin{bmatrix} s_1(t) \\ s_2(t) \\ \vdots \\ s_N(t) \end{bmatrix} + \begin{bmatrix} n_1(t) \\ n_2(t) \\ \vdots \\ n_M(t) \end{bmatrix} \tag{2.2}$$

$a_{ij}(i=1,2,\cdots,M;j=1,2,\cdots,N)$ 为信号混合正演矩阵,其通常是一个未知的参数,需要估计或者求解。将以上方程组简化表示如下:

$$\boldsymbol{X}=\boldsymbol{AS}+\boldsymbol{n} \tag{2.3}$$

一般情况下,$\boldsymbol{A}$ 是一个非奇异的满秩矩阵,该方程组的求解过程是一个典型的线性方程组的计算问题,根据线性代数的经典理论,求解过程可以表示如下:

$$\boldsymbol{G}=\boldsymbol{WX} \tag{2.4}$$

其中:$\boldsymbol{G}$ 为分离输出估计矩阵,它是对原始的输入信号 $\boldsymbol{S}$ 的一个近似估计;$\boldsymbol{W}$ 为解混矩阵,可以看作正演矩阵 $\boldsymbol{A}$ 的一个逆。式(2.4)的过程也可以视为采用滤波器 $\boldsymbol{W}$ 对原始观测信号 $\boldsymbol{X}$ 的滤波过程。从代数求解计算的角度上分析:当 $M=N$ 时,此时方程组为恰定方程组,可以通过高斯消去法或者 LU 分解法求解;当 $M>N$ 时,方程组个数大于信源个数时,此时方程组属于超定方程,理论上不存在精确解,通常采用最小二乘法等解法来求解;当 $M<N$ 时,此时未知源的数量大于方程组的个数,此时的求解问题属于欠定问题,满足

该方程的解在理论上有无穷多个。

特别是在考虑噪声 n 加入的情况下,即使是在 $M = N$ 的情况下,也不存在精确解。方程组的求解成为病态反问题,需要采用加入约束条件和规整化项的方法求取近似解。在求解方法上,线性模型和非线性模型具有一定的相似性。

瞬时模型是盲信号方法中最为简单直观的一种模型,盲信号算法中大部分都属于线性瞬时混合算法,也是在理论和应用中研究最多的一种模型(何昭水等,2005;李小军等,2004;Zadeh et al.,2004;王惠刚等,2003)。在不同的应用背景下,以上研究所采用的瞬时模型也具有细微的不同。目前,瞬时线性混合模型在语音信号分析、地震数据处理、生物医学信号处理等多个领域中被广泛地研究和使用。

2.2.2　褶积与部分褶积

首先考虑一维数据情况,假设 $h(t)$ 为一个空不变的冲激函数,$x(t)$ 为输入信号,则$h(t)$ 与 $x(t)$ 的褶积从数学上可以表达为如下形式:

$$y(n) = \int_{-\infty}^{\infty} x(\tau) h(n - \tau) \mathrm{d}\tau \qquad (2.5)$$

其中:$y(t)$ 为输出信号。通常褶积运算以符号 $*$ 表示,则式(2.5)可以表示为

$$y(n) = h(n) * x(n) = x(n) * h(n) \qquad (2.6)$$

根据经典的数学理论,褶积运算有很多常用的运算定律,包括交换定律和分配定律,以及频率域的快速计算等,简单举例如下:

$$x(n) * (y(n) * z(n)) = (x(n) * y(n)) * z(n) \qquad (2.7)$$

$$x(n) * (y(n) + z(n)) = x(n) * y(n) + x(n) * z(n) \qquad (2.8)$$

$$FFT(x(n) * y(n)) = FFT(x(n)).* FFT(y(n)) \qquad (2.9)$$

其中:$FFT(\cdot)$ 表示傅里叶变换。$.*$ 表示点积,一般讨论的信号褶积是指有限长度的经过离散化后的数字信号的褶积。因为在实际的应用中,信号的长度通常是有限的,考虑式(2.5)的离散化形式如式(2.10)所示:

$$y(n) = \sum_{k=0}^{M-1} h(k) x(n-k) \quad (n = 1, 2, \cdots, L) \qquad (2.10)$$

假定输入一维信号 $x(n)$ 长度为 $n = 1, 2, \cdots, N$,冲激响应函数 $h(k)$ 的长度为 $k = 1, 2, \cdots, M$,其中 L 为褶积后信号 $y(t)$ 的长度($L = M + N - 1$)。

褶积计算可以直观地理解为有时间延迟的叠加过程,将源信号 $x(t)$ 在时间轴上做一个偏移后与冲激函数相乘,再将所有的偏移量叠加,得到最终的

褶积结果。通过将褶积过程表达为向量形式,可以更好地理解其具体的含义。

为了更好地说明褶积的运算过程以及褶积矩阵的结构,举例如下:

$$\boldsymbol{x} = \left[x_1, x_2, x_3, x_4 \right]^{\mathrm{T}} \tag{2.11}$$

$$\boldsymbol{h} = \left[h_1, h_2, h_3 \right]^{\mathrm{T}} \tag{2.12}$$

$$\boldsymbol{y} = \left[y_1, y_2, y_3, y_4, y_5, y_6 \right]^{\mathrm{T}} \tag{2.13}$$

则向量 $\boldsymbol{x}$ 与 $\boldsymbol{h}$ 的褶积公式可以通过矩阵乘积形式表达为

$$\boldsymbol{y} = \boldsymbol{X}\boldsymbol{h} \tag{2.14}$$

其中,$\boldsymbol{X}$ 是通过一维向量 $\boldsymbol{x}$ 所构成的褶积矩阵,其结构如下:

$$\boldsymbol{X} = \begin{bmatrix} x_1 & & \\ x_2 & x_1 & \\ x_3 & x_2 & x_1 \\ x_4 & x_3 & x_2 \\ & x_4 & x_3 \\ & & x_4 \end{bmatrix} \tag{2.15}$$

其中:矩阵 $\boldsymbol{X}$ 的列数为3,其大小由另一个褶积变量 $\boldsymbol{h}$ 的列数决定。根据前面提到的褶积交换定律,可以通过变量 $\boldsymbol{h}$ 来构建褶积矩阵 $\boldsymbol{H}$,而另一个变量 $\boldsymbol{x}$ 保持不变,褶积矩阵的构建可以互易,则式(2.10)可以表达为如下形式:

$$\begin{bmatrix} y_1 \\ y_2 \\ y_3 \\ y_4 \\ y_5 \\ y_6 \end{bmatrix} = \begin{bmatrix} x_1 & & \\ x_2 & x_1 & \\ x_3 & x_2 & x_1 \\ x_4 & x_3 & x_2 \\ & x_4 & x_3 \\ & & x_4 \end{bmatrix} \begin{bmatrix} h_1 \\ h_2 \\ h_3 \end{bmatrix} \tag{2.16}$$

根据式(2.16)可以观察到,在褶积矩阵中存在有明显的对角循环结构,这种循环矩阵结构在实际的应用中也是经常出现的,例如敏感度矩阵通常具有这样的循环对称结构。将模型参数看作为无限长度的数据段,则得到观测数据的褶积过程可以视为部分褶积,观测数据的开始和结尾都存在边界截断问题,这种假设在工程中是合理的。简而言之,观测数据可以视为长度更长的模型参数和冲激函数的褶积的结果。整个褶积过程可以视为部分褶积,因此,根据部分褶积的定义,将式(2.10)的褶积矩阵形式做如下的近似表达:

$$\begin{bmatrix} y_1 \\ y_2 \\ \vdots \\ y_L \end{bmatrix} = \begin{bmatrix} h_M & h_{M-1} & \cdots & h_1 & & & & \\ & h_M & & \vdots & \ddots & & & \\ & & \ddots & \vdots & \ddots & h_1 & & \\ & & h_M & \ddots & \vdots & & \ddots & \\ & & & \ddots & \vdots & & & h_1 \\ & & & & h_M & \cdots & h_2 & h_1 \end{bmatrix} \begin{bmatrix} x_1 \\ x_2 \\ \vdots \\ x_{M+L-1} \end{bmatrix} \qquad (2.17)$$

式(2.17)中根据互易原则,将向量 h 表达为褶积矩阵的形式。观测数据 $y(n)$ 长度为 L,形成观测数据 $y(n)$ 需要长度为 $M+L-1$ 的模型参数。因此长度为 L 的观测数据 $y(n)$ 只是模型参数 $x(n)$ 褶积的一部分,因此被称为部分褶积。在研究中发现,考虑到两个褶积变量($x(n)$($n=1,2,\cdots,N$);$h(n)$($n=1,2,\cdots,M$))的长度相差较大的情况下($N \gg M$),得到的观测序列 $y(n)$ 不会存在较大的误差,原因是由于截断的数据量较小。部分褶积问题在图像处理中有比较直观的显示,在反褶积过程中为了避免由于这种数据缺失在结果中产生边界振荡退化效应的问题,通常会在算法开始之前在图像的边界处做大小为冲激滤波器尺寸的延拓,可以有效地应对有限观测数据的部分褶积的问题。

根据式(2.17)的表达,对冲激函数序列 $h(n)$($n=1,2,\cdots,M$)做一个反排,并且假设模型参数序列长度有限 $x(n)$($n=1,2,\cdots,N$),则可以将褶积近似表达为如下的形式:

$$\begin{bmatrix} y_1 \\ y_2 \\ \vdots \\ y_N \end{bmatrix} = \begin{bmatrix} h_1 & \cdots & h_{M-1} & h_M & & & & \\ & h_1 & & \vdots & \ddots & & & \\ & & \ddots & \vdots & \ddots & h_M & & \\ & & h_1 & \ddots & \vdots & & \ddots & \\ & & & \ddots & \vdots & & & h_M \\ & & & & h_1 & \cdots & h_{M-1} & h_M \end{bmatrix} \begin{bmatrix} x_1 \\ x_2 \\ \vdots \\ x_N \end{bmatrix} \qquad (2.18)$$

通过式(2.18)对式(2.17)做了截取近似,主要考虑到两个原因:首先在工程应用中模型的大小不可能发生剧烈变化;其次冲激函数的尺寸相比模型参数通常要小得多。一般情况下冲激函数的大小通常要比模型参数的大小低 $1 \sim 2$ 个数量级。在这种情况下,由于近似所引起的误差较小,可以忽略不计。具体的数据分析范例可以参考本书中电法盲信号处理的试验部分。当然,如果在实际中出现了冲激函数尺寸相对较大的情况,需要考虑到部分褶积过程所引起的偏差。

2.2.3　二维离散褶积

将一维褶积拓展到二维情况,则模型参数 $f(x,y)$ 和冲激函数 $h(m,n)$ 分别可以表示为

$$\begin{cases} f(x,y) & (1 \leqslant x \leqslant M; 1 \leqslant y \leqslant N) \\ h(x,y) & (1 \leqslant x \leqslant K; 1 \leqslant y \leqslant L) \end{cases} \tag{2.19}$$

其中:(M,N) 与 (K,L) 分别为模型参数函数 $f(x,y)$ 和冲激函数 $h(x,y)$ 支持域的大小。该函数的离散二维褶积可以定义如下:

$$f(x,y) * h(x,y) = \frac{1}{MN} \sum_{m=1}^{M} \sum_{n=1}^{N} f(m,n) h(x-m,y-n) \tag{2.20}$$

二维数据褶积也可以表达为褶积矩阵的形式,但二维褶积矩阵通常是一个规模非常大的矩阵,计算复杂度和空间复杂度较高,通常在计算中不采用。由于褶积有非常好的频域变换特性,出于计算方便考虑,二维褶积通常采用转换到频域的方式实现。首先,将 $f(x,y)$ 和 $h(x,y)$ 分别进行傅里叶变换得到 $F(u,v)$ 和 $H(u,v)$,假定 $M>K,N>L$,在进行傅里叶变换前,将其进行零值边界填充,使其大小与 $f(x,y)$ 相同。两个函数在频域和空域上具有如下的对应关系:

$$f(x,y) * h(x,y) \Longleftrightarrow F(u,v) \cdot H(u,v) \tag{2.21}$$

其中:$F(u,v)$ 和 $H(u,v)$ 表示 $f(x,y)$ 的傅里叶变换,即

$$F(u,v) = \sum_{x=1}^{M} \sum_{y=1}^{N} f(x,y) \exp[-j2\pi(ux+vy)/MN]$$

$$H(u,v) = \sum_{x=1}^{M} \sum_{y=1}^{N} h(x,y) \exp[-j2\pi(ux+vy)/MN] \tag{2.22}$$

式(2.21)表示两个函数的空域褶积可以通过其频域的变换函数的点积来完成,计算复杂度和数据的空间规模大大降低。在应用中,褶积运算通常转化到频域进行,频域类算法是褶积算法中的一大类算法,从算法运行效率上来说,其往往要优于空域类算法。

为了更为直观地说明二维离散褶积的运算过程,在此举例说明二维离散褶积在空域中以矩阵的形式是如何运算的。

假设两个二维矩阵如下:

$$\boldsymbol{a} = \begin{bmatrix} 1 & -1 \\ 0 & 2 \end{bmatrix} \qquad \boldsymbol{b} = \begin{bmatrix} 5 & 10 & 15 & 20 \\ 10 & 15 & 20 & 5 \\ 15 & 20 & 5 & 10 \\ 20 & 5 & 10 & 15 \end{bmatrix} \tag{2.23}$$

则褶积过程以矩阵运算的形式可以表示如下，首先根据褶积的定义将矩阵 **a** 进行翻转。

（a）褶积核矩阵的翻转

（b）褶积核的移动乘积加和过程

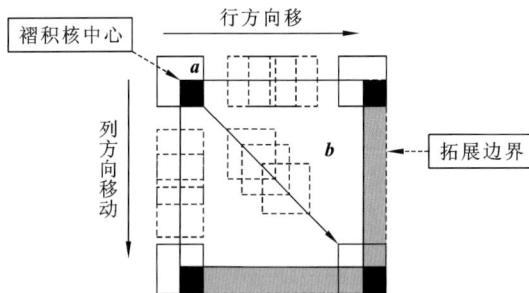

（c）矩阵褶积的滑动乘积过程

图 2.2　矩阵褶积的滑动累积计算过程

　　根据褶积的公式，需要将褶积核函数做翻转倒置，一般通常选择尺寸较小的矩阵做翻转。根据褶积交换定律，对于褶积核矩阵的选择不影响计算的结果。矩阵的移动褶积过程也较为简单，以图 2.2 为例，选择其中尺寸较小的矩阵 **a** 作为褶积核矩阵（图 2.2(a)），翻转后形成矩阵 **a′**，并对矩阵 **b** 进行拓展，拓展到矩阵 **b′** 褶积后尺寸的大小（图 2.2(b)）。将矩阵 **a′** 依次在拓展矩阵 **b′** 的每个元素上依次滑动。以 **b′** 上第二行第二列元素的计算过程为例。$b'(2,2)=2\times5+0\times10+(-1)\times10+1\times15=15$。超出矩阵 **b′** 范围的元素，视为零值对待。矩阵的滑动计算过程在褶积核矩阵的尺寸及较小的情况下，计算所需的时间和空间基本在合理范围内，但随着褶积核矩阵的增长，计算的效能会很快衰减，所以在计算过程中往往不采用这种方式。

　　除以上两种计算褶积的方法外，二维离散褶积过程还可以表示为向量矩阵相乘的形式,具体的过程是以式(2.19)为例,建构一个尺寸为$(M + K - 1)(N + L - 1) \times MN$大小的褶积核矩阵如下:

$$
\boldsymbol{H}_{\text{cov}} = \begin{bmatrix} \boldsymbol{H}_1 & & & \\ \boldsymbol{H}_2 & \boldsymbol{H}_1 & & \\ . & \boldsymbol{H}_2 & & \boldsymbol{H}_1 \\ . & . & . & \boldsymbol{H}_2 \\ \boldsymbol{H}_K & . & . & . \\ & \boldsymbol{H}_K & . & . \\ & & & \boldsymbol{H}_K \end{bmatrix} \tag{2.24}
$$

其中:$\boldsymbol{H}_i$表示将褶积核矩阵$h(x, y)$中的第i行提取出来,纵向排列,组成第i行的褶积阵。以$\boldsymbol{H}_1$为例,其结构如下:

$$
\boldsymbol{H}_1 = \begin{bmatrix} h_{1,1} & & & \\ . & h_{1,1} & & \\ h_{1,k-2} & . & . & \\ h_{1,k} & h_{1,k-2} & . & h_{1,1} \\ & h_{1,k} & . & h_{1,k-2} \\ & & & h_{1,k} \end{bmatrix} \tag{2.25}
$$

其中:$\boldsymbol{H}_1$矩阵的大小为$(K + L - 1) \times L$。

总体上,从式(2.24)、式(2.25)的表达不难分析出,褶积矩阵是一个规模较大的矩阵,特别是在实际的问题应用中,褶积矩阵的构建和运算所消耗的运算时间和空间几乎不可以被接受。但这种将褶积过程表示为矩阵运算的方式,从数学上很好地表达了褶积运算的过程,对于褶积模型的理论分析具有重要的指导作用。因此,这种矩阵相乘的褶积计算方法通常被用作理论分析推导。

2.2.4 Hilbert 空间

数值模型求解算法总体上可以分为两大类:一类是基于概率统计模型的算法,通常被称为确定性算法;另一大类是基于非概率分布模型的算法,通常采用最小二乘估计的方法,这种方法被统称为非确定性算法。本书所涉及的算法全部为非确定性算法,这类方法的数学基础是 Hilbert 空间理论。因此,以下将对 Hilbert 空间理论做简单的介绍和阐述。

Hilbert 空间由德国科学家 David Hilbert 对 Euclidean 空间进行泛化后提

出的,其拓展了 Euclidean 空间中的向量运算规则和微积分运算。Hilbert 空间概念提出后,被大量的运用于实际的工程研究中。众所周知,在涉及偏微分方程、频谱分析等理论问题时,其是必不可少的分析工具,尤其是在函数分析中起到了关键的作用。

在介绍 Hilbert 空间的定义之前,首先阐述 Hilbert 空间的一个特例——Euclidean 空间,假定在三维 Euclidean 空间 $\boldsymbol{R}$ 中,实数向量 $\boldsymbol{x}$ 和 $\boldsymbol{y}$ 的点积可以被定义为如下关系:

$$\langle \boldsymbol{x}, \boldsymbol{y} \rangle = x_1 y_1 + x_2 y_2 + x_3 y_3 \tag{2.26}$$

该运算操作满足以下条件:

(1) 运算满足交换律

$$\langle \boldsymbol{x}, \boldsymbol{y} \rangle = \langle \boldsymbol{y}, \boldsymbol{x} \rangle \tag{2.27}$$

(2) 对于任意标量 a, b,向量 $\boldsymbol{x}, \boldsymbol{y}_1, \boldsymbol{y}_2$,满足线性条件等式

$$\langle \boldsymbol{x}, a\boldsymbol{y}_1 + b\boldsymbol{y}_2 \rangle = a\boldsymbol{x}\boldsymbol{y}_1 + b\boldsymbol{x}\boldsymbol{y}_2 \tag{2.28}$$

(3) 对于空间中的任意向量 $\boldsymbol{x}$ 都满足正定条件,$\langle \boldsymbol{x}, \boldsymbol{x} \rangle \geqslant 0$,当且仅当 $\boldsymbol{x} = 0$ 时等式成立。

满足以上条件的内积运算的向量空间可以被称为内积向量空间,任意有限维数的内积向量空间都是 Hilbert 空间。可以引出 Hilbert 空间的定义为,Hilbert 空间是一个复数域的完备内积无限维度的空间,满足如下的关系定义:

(1) 任意一对向量的内积等于其复共轭向量交换后的内积,即

$$\langle \boldsymbol{x}, \boldsymbol{y} \rangle = \overline{\langle \boldsymbol{y}, \boldsymbol{x} \rangle} \tag{2.29}$$

(2) 对于空间内任意复向量 $\boldsymbol{x}, \boldsymbol{y}_1, \boldsymbol{y}_2$ 和复数 a, b,满足

$$\langle \boldsymbol{x}, a\boldsymbol{y}_1 + b\boldsymbol{y}_2 \rangle = a\boldsymbol{x}\boldsymbol{y}_1 + b\boldsymbol{x}\boldsymbol{y}_2 \tag{2.30}$$

(3) 对于空间中的任意复数向量 $\boldsymbol{x}$ 都满足正定条件,$\langle \boldsymbol{x}, \boldsymbol{x} \rangle \geqslant 0$,当且仅当 $\boldsymbol{x} = 0$ 时等式成立。

通常 Hilbert 空间的范数定义为 $\| \boldsymbol{x} \| = \sqrt{\langle \boldsymbol{x}, \boldsymbol{x} \rangle}$,两个任意向量之间的距离则可以定义为

$$D = \| \boldsymbol{x} - \boldsymbol{y} \| = \sqrt{\langle \boldsymbol{x} - \boldsymbol{y}, \boldsymbol{x} - \boldsymbol{y} \rangle} \tag{2.31}$$

与 Euclidean 空间的性质相似,Hilbert 空间的复向量满足 Cauchy-Schwarz 不等式关系:

$$| \langle \boldsymbol{x}_1, \boldsymbol{x}_2 \rangle | \leqslant \| \boldsymbol{x}_1 \| \cdot \| \boldsymbol{x}_2 \| \tag{2.32}$$

Euclidean 空间和 Hilbert 空间在表述和特性上具有一定的相似之处,Hilbert 空间可以看作是对 Euclidean 空间在复数域的一个推广,并且将其拓

展到了无限维的情况。在 Hilbert 空间上也有较为直观的距离和角度的概念，并且是一个完备的空间，因此可以将微积分和傅里叶变换中的性质直接推广到 Hilbert 空间中。最早将 Hilbert 空间概念引入到问题的理论分析中的是美国科学家冯·诺依曼，其采用 Hilbert 空间理论对于量子力学中的基础行的研究进行了分析，之后 Hilbert 空间作为最基础的泛函分析理论的基础概念之一，在各个领域的研究中被广泛的引入。

2.2.5 Hilbert 空间的正交分解和投影

在 Hilbert 空间中，其具有类似于 Euclidean 空间的几何正交投影性质，也是该空间定义的重要属性。可以认为 Hilbert 空间是由正交基所组成的。对于 Hilbert 空间中的投影定理可以表示如下：假定在 Hilbert 空间 H 中存在凸闭子集 M，M' 子空间是 M 子空间的正交补凸闭子集，则在空间 H 中存在的任意复向量 x，则可以将向量 x 投影到子空间 M 和 M' 上，分别得到投影向量 x_1（$x_1 \in M_1$）和 x_2（$x_2 \in M_2$）。当且仅当 $\langle x_1, x_2 \rangle = 0$ 时，x_1 为 x 在 M 上的正交投影，x_2 为 x 在 M' 上的正交投影。

若 $\{x_i\}$ 是空间 H 中的一组互不相同的向量，并且其中任意两个不相同的向量 $\langle x_m, x_n \rangle = 0$，则可以认为是空间 H 中一组正交坐标系。若其中每一个向量 x_i 的范数均为 1，即 $\langle x_m, x_m \rangle = 1$，则称 x_i 为规范正交坐标系。

对于 Hilbert 空间的正交投影，类似于 Euclidean 空间中的向量，存在比较直观的几何意义。假定 Hilbert 空间 H 中存在的一个任意向量 x，H 存在一个闭子空间 M，存在唯一的向量 z，使得向量 y 满足 $\min\limits_{y} = \parallel x - y \parallel$ 条件，则 $z \perp M$，y 为 x 向量在子集 M 上的投影向量，是其在该空间上的极小值的唯一表达，具体的几何示意图如图 2.3 所示。

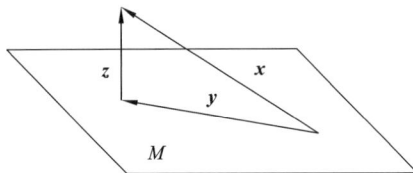

图 2.3　向量的正交投影示意图

Hilbert 空间投影定理在理论分析，以及在多个学科的应用研究上，例如最优化理论分析、模型近似方法上都有重要的指导作用。

2.3　Fredholm 第一类积分方程解与规整化

积分方程属于近代数学发展出的一个重要的研究领域,大多数地球物理中的问题基本上都可以通过积分方程表示,盲信号问题的研究也主要通过积分方程的形式表达。因此,本节中将对 Fredholm 第一类积分方程中的基本理论进行简单的介绍和表述。

积分方程泛指包含有各种未知函数积分运算的方程,从包含的未知函数的线性和非线性上分类,可以将其分为线性积分方程(式(2.33))和非线性积分方程(式(2.34))。

$$\int_a^b k(t,s)x(s)\mathrm{d}s = y(t) \tag{2.33}$$

$$\int_a^b k(t,s)g(t,x(s))\mathrm{d}s = y(t) \tag{2.34}$$

式(2.33),式(2.34) 中 $x(s)$ 为未知函数,其他的函数是已知的,积分区间 $[a,b]$ 在 $[-\infty,+\infty]$ 之间变化,其中式(2.33) 中函数 $x(s)$ 是线性变化的,因此该形式积分方程被称为线性积分方程。而式(2.34) 是关于未知函数非线性变化的,因此该形式的方程称为非线性积分方程。以上列举两个较为典型的线性和非线性积分方程,一般的积分方程的形式多种多样,按照以上关于其中未知函数线性和非线性的划分,都可以将其归入这两类中。

此外,积分方程按照其未知函数出现的位置可以将其划分为第一类积分方程和第二类积分方程。如果未知函数只在积分过程中出现,则称之为第一类积分方程,如果未知函数在积分过程以外也有出现,则称之为第二类积分方程,如式(2.35) 所示。

$$nx(s) + \int_a^b k(t,s)g(t,x(s))\mathrm{d}s = y(t) \tag{2.35}$$

一般情况下,在地球物理问题建模和求解过程中所建立的目标函数绝大多数都属于第一类积分方程。在积分过程之外有出现模型参数的情况,但是通常在算法的迭代过程中将其作为已知的约束出现。式(2.33) ～ 式(2.35) 中的已知函数 $k(t,s)$ 通常被称为积分方程的核函数,$y(t)$ 通常被称为自由项,当 $y(t) = 0$ 时,积分方程被称为齐次积分方程。

根据积分区间是否包含变量,可以将其分为 Fredholm 积分方程和

Volterra 积分方程。式(2.33)、式(2.34) 中的积分区间不包含任何变量,其分别属于第一类 Fredholm 积分方程和第二类 Fredholm 积分方程,通常可以被简写为 F-I 和 F-II。

$$\int_a^t k(t,s)x(s)\mathrm{d}s = y(t) \tag{2.36}$$

$$nx(s) + \int_a^t k(t,s)g(t,x(s))\mathrm{d}s = y(t) \tag{2.37}$$

式(2.36)、式(2.37) 的积分上限中包含有函数变量,其分别被称为第一类 Volterra 积分方程和第二类 Volterra 积分方程。

本书主要讨论问题的求解方程都属于 Fredholm 积分方程,因此主要介绍分析 Fredholm 积分方程的相关理论和求解。Fredholm 积分方程以 Fredholm 理论作为理论基础,Fredholm 理论以其提出者瑞典科学家 Erik Ivar Fredholm 命名,该理论模型是通过在 Hilbert 空间中的 Fredholm 算子和 Fredholm 核函数,以谱分析的方式建立和表达的。具体的理论推导过程和细节在相关著作中有广泛的介绍。

2.3.1　Fredholm 第一类积分方程的病态性

第一类 Fredholm 积分方程是地球物理盲信号方法中所采用的主要积分方程形式,因此,本书将其作为主要的讨论对象。考虑式(2.33)的有限范围的积分

$$\int_a^b k(t,s)x(s)\mathrm{d}s = y(t) \tag{2.38}$$

其中:$k(t,s)$ 是核函数,通常可以被认为是一个冲激响应函数;$x(s)$ 可以视为模型函数,则自由项 $y(t)$ 是模型参数通过冲激响应函数后得到的观测数据 $y(t)$。方程的求解问题可以视为在已知核函数 $k(t,s)$ 的条件下,通过观测数据 $y(t)$ 求取模型参数 $x(s)$ 的问题。可以将核函数通过变量差值的形式表述为 $k(t,s) = k(t-s)$,则式(2.38)的核函数冲激滤波过程变为褶积的形式为

$$\int_a^b k(t-s)x(s)\mathrm{d}s = y(t) \tag{2.39}$$

假定 $k(t,s)$ 核函数和未知函数 $x(s)$ 在区间内可积,则根据褶积的频域运算性质,将式(2.47)转换到频域表示为

$$Y(\omega) = K(\omega) \cdot X(\omega) \tag{2.40}$$

根据求逆计算可以将未知函数表示为

$$X(\omega) = Y(\omega)/K(\omega) \tag{2.41}$$

假定核函数 $k(t,s)$ 是一个空不变的简单函数,在实际问题中, $k(t,s)$ 通常是一个有效支持域远小于参数模型规模的低通函数,将其转变到频域之后, $1/K(\omega)$ 成为一个高通的滤波函数,并且函数的高频区域存在大量的零值。因此,即使在不考虑噪声的情况下,式(2.49)的滤波求解过程在计算上是存在严重的病态性,其中微小的变动都会引起解的巨大变化。关于第一类 Fredholm 积分方程解的病态性问题通常也被称为 Hadamard 不适定问题,也可以使用 Riemann-Labesgue 引理得出类似的分析结果。

对于第一类 Fredholm 积分方程解的病态性问题的研究一直是反问题求解领域的研究热点,解决该问题最主要的方法是采用规整化的方法。在维纳滤波器的研究中,在高频滤波器中加入小数值的稳定项,可以有效地避免出现上述提到的数值剧烈扰动问题。之后苏联科学家 Andrey Nikolayevich Tikhonov 在求解实际工程问题积分方程中,提出了著名的 Tikhonove 规整化方法,该方法在求解方程中加入了基于条件的稳定项,通过约束解空间的范围,抑制第一类 Fredholm 积分方程解的病态性问题。之后更多的学者结合各自实际应用的特点,提出了 Total variation 规整化方法、Level-Set 规整化方法等。研究表明,规整化方法对积分方程解的病态性问题的解决具有很好的效果。

2.3.2 盲信号反问题求解的病态性

盲信号问题的求解基本上属于第一类 Fredholm 积分方程的最优化求解问题,第一类 Fredholm 积分方程虽然在形式上较为简单,但在实际应用中的求解过程却较为复杂。其中最典型的就是褶积模型下的盲信号求解具有很强的解不适定问题。在电磁或者光信号的采集过程中,通常存在低通冲激核函数,使真实的信号在采集后失去高频成分。导致这种现象产生的原因较多,其中包括受物理观测条件的限制,采集设备的电气性能限制等。在地球物理的重、磁数据采集中,这个问题有较为明显和直观的表现。深度越大的异常体,采集得到的异常信号分辨率和信噪比越低。盲信号的反问题求解可以被看成这个过程的一个求逆过程,通过高通的反褶积过程估计出真实的信号。

噪声和误差是盲信号分析中的主要问题,这些因素的存在导致了多解性、解不收敛,以及不合理解的出现,统称为解的病态性问题。在相关学科领域,对该问题有较为充分的理论分析研究。以通常意义下的二维数据观测模型为例：

$$y(u,v) = x(u,v) * k(u,v) + \xi(u,v) \tag{2.42}$$

该正演模型表述了数据的基本组成结构，反演过程根据受噪声 $\xi(u,v)$ 沾染的观测数据 y 来估计模型 x。通常该反演过程需要关于信号以及噪声的某些先验条件知识，才能将原有信号从含噪的观测数据中提取出来。

假定正演核函数 $k(u,v)$ 已知，方程（2.42）是一个标准的第一类 Fredholm 积分方程，它的求解属于病态问题。对于方程病态问题的数学解释可以归纳为，方程解不连续依赖于观测数据。由于噪声的干扰，观测数据和解之间没有直接的线性对应关系，解空间具有强烈的不连续非线性特性。即使噪声在数值范围上对于观测数据的扰动较小，正如以上实例分析结果（式（2.41）表示的，其往往对于解空间的扰动是巨大的。为了解决这个问题，在过去的几十年中，相关的大量的理论和方法被提出。

盲信号问题在数学物理领域归属于标准的"反问题"（inverse problem）。在实际的应用中，问题的求解可以分为"正问题"和"反问题"两个过程。"正问题"是通过建立离散化偏微分方程，给定边界条件和初始条件，对形成方程组进行求解，这个过程在地球物理中被称为正演过程。"反问题"是依据观测数据、数据的各种参数条件等确定模型参数，在地球物理中统称为反演过程。

学者对于反问题的病态性的研究已经有近百年的历史，最早在 1923 年，法国科学家 Hadamard 首先定义了良态问题的概念。他使用这个概念解释了在求解微分方程时的边界条件设置问题。根据该理论，一个微分方程的解问题是良态的，则其应该满足以下全部条件：

（1）方程组解是唯一的；

（2）方程组的解线性连续依赖于观测数据；

（3）方程组的解是存在的。

依据以上定义，Hadamard 将病态问题定义为：良态性问题三个基本条件的任何之一无法满足，则问题是病态的或不适定的（improperly posed problems）。

早期人类对于自然界的观测手段有限，实际的工程问题都比较简单，因此，当时普遍认为自然世界的物理过程求解都是良态性问题。随着科技的发展，到 20 世纪 50 年代，人类在多个学科领域的应用中发现，求解问题存在解不存在、解不唯一，以及不合理解出现的情况。特别是在地球物理领域，人们认识到解高度非线性不依赖于观测数据。苏联科学家 Andrey Nikolayevich Tikhonov 首先研究了病态性问题，并提出采用规整化（regularization）方法来解决病态性问题。此外，为了解决病态性问题，美国科学家 M. Z. Nashed 重新定义了良态问题，将良态问题推广到最小二乘条件下，他认为如果满足最小二乘条件下存在连续解空间的唯一解，则求解问题属于良态问题。经过多年的研究，目前解决病态性问题的理论和技术多种多样，其原理基本相似，通过引入辅助边界条件信息，约束解空间的范围，使病态问题转化为良态问题。

2.4　盲信号处理中的最小二乘问题

2.4.1　最小二乘问题描述

线性最小二乘问题是根据线性模型估计未知模型参数的基本方法，盲信号求解中最为典型的情况，可以看成是非线性情况下的一个特例。该方法最早由德国科学家高斯在计算天体轨道问题中提出。本节以线性最小二乘为例，对盲信号的线性最小二乘求解过程进行描述。

假定观测数据为 y，已知传递函数为 H 建立目标函数 $J(x_i)$ 如下：

$$J(x) = \frac{1}{2} \parallel y - Hx \parallel_2^2 = \frac{1}{2} e^\mathrm{T} e \tag{2.43}$$

其中：x 为未知模型参数；e 表示代价函数的残差，将 e 表示为离散化形式有

$$e = \sum_i y_i - h_i^\mathrm{T} x_i = y_i - \sum_i h_i^\mathrm{T} x_i \tag{2.44}$$

代价函数梯度零值点情况下，目标函数的残差达到最小值，由于是线性模型，可以认为其为全局最小值

$$\nabla J(x) = H^\mathrm{T}(y - Hx) = 0 \tag{2.45}$$

根据式(2.45)，可以得出，线性无约束情况下，模型的估计值为

$$x = H^\mathrm{T} y (H^\mathrm{T} H)^{-1} \tag{2.46}$$

在不考虑噪声干扰的理想情况下，根据传递函数 H 的秩特征，可以将解分为三种情况。

首先，如果矩阵 H 是正定的，此时 $H^\mathrm{T} H = 1$，存在唯一的解 $x = H^\mathrm{T} y$。该情况为求解中最为理想的情况。其次，当矩阵 H 的行数小于列数的情况下，此时矩阵 H 是欠定的，可以理解为方程数量不足，无法完全确定模型参数，此时解不唯一。但在线性最小二乘问题中，Kay(1993)认为其存在最小 2- 范数 $\parallel s \parallel_2^2$ 的唯一解：

$$x = H^{\mathrm{T}} (HH^{\mathrm{T}})^{-1} y = H^{+} x \tag{2.47}$$

在方程欠定的状态下,其将 $H^{+} = H^{\mathrm{T}} (HH^{\mathrm{T}})^{-1}$ 定义为 Moore-Penrose 广义伪逆矩阵。

最后一种情况,在方程的行数大于列数的情况下,矩阵 H 是超定的,可以从物理上更为直观的解释这种情况,模型方程的约束过多,以至于不存在合理的解空间。此情况下,不存在精确解,通常该情况下的解也是采用 Moore-Penrose 广义伪逆矩阵来计算。

此外还有一种折中的方法来求解超定情况下的方程,将方程与权重矩阵相乘,在计算中对每个方程条件进行权衡,保留重要的方程,弱化相对不重要的条件。则式(2.43)可以优化表示为

$$J(x) = \frac{1}{2} w \parallel y - Hx \parallel_{2}^{2} = \frac{1}{2} e_{\mathrm{w}}^{\mathrm{T}} e_{\mathrm{w}} \tag{2.48}$$

对式(2.48)求导求取极值,则可以推导解为

$$x = wH^{\mathrm{T}} y (H^{\mathrm{T}} wH)^{-1} \tag{2.49}$$

w 通常是一个对角矩阵,其中的对角元素的值可以根据实际条件来确定,例如可以引入模型的深度信息等。这种加入权重矩阵的方法,是一种有效的引入先验条件信息的手段,也可以用于其他类型的方程求解中。

在矩阵 H 存在数值扰动的情况下,式(2.46)和式(2.47)的运算会在求逆过程中干扰直接方法,导致解空间变形,无法得出合理解。通常采用的方法是在目标函数中引入规整化项信息,约束问题的病态性。

2.4.2　Tikhonov 规整化方法

在实际应用中采用最小二乘法进行问题求解,由于各种原因,如信息缺失、误差干扰等,求解问题都属于病态问题,直接采用线性求逆算子进行,得到的通常是无意义不可用的解。为了解决解的病态性问题,苏联科学家 Andrey Nikolayevich Tikhonov 提出了 Tikhonov 正则化概念。其基本的原理是,定义一个条件准则,从解空间中挑选出符合条件准则的近似解,从而规避不合理解的出现。这种方法可以认为是对求解精度和解的合理性的一个很好的折中。从数值上分析,Tikhonove 方法也可以被看做一种解空间平滑方法,方法通过条件约束平滑了由于不确定信息所引起的数据不合理跳变。

根据正则化理论,对式(2.43)进行修改,加入规整化能量函数

$$J(x, \alpha) = \frac{1}{2} (\parallel y - Hx \parallel_{2}^{2} + \alpha \parallel x \parallel_{2}^{2})$$
$$x(\alpha) = \arg \min_{x \in R} J(x, \alpha) \tag{2.50}$$

其中：R 为模型空间。由于规整化项和模型参数项的作用不同，分析中通常将该目标函数分为两个部分

$$J(\boldsymbol{x},\alpha) = J_m(\boldsymbol{x}) + \alpha J_r(\boldsymbol{x}) \tag{2.51}$$

其中：$J_m(\boldsymbol{x})$ 一般被称为最小二乘项；α 是规整化参数；$J_r(\boldsymbol{x})$ 是规整化项，在一些文献中也被称为惩罚函数。Cichocki 等（1994）定义 $\alpha J_r(\boldsymbol{x})$ 为平滑度约束（也称为稳定能量）。规整化参数 α 控制着平滑解空间的程度，其取值主要根据求解问题的病态性程度而定。从解空间理论上分析，规整化技术就是在目标函数中加入惩罚函数，约束解空间，用与原病态性问题相"邻近"的良态性问题的解去逼近真实的模型参数。

以往对于含有规整化项的最小二乘优化问题，提出了很多经典的数值优化算法，包括最速下降法、牛顿法、共轭梯度法、预条件方法，以及各种方法的变形方法。这些方法的原理基本相似，主要是通过对函数梯度的求取，寻找函数的全局最优点。关于数值优化方法，一直是反问题领域的研究热点。由于篇幅原因，本章只介绍最基本的方法和原理。

采用标准的最速下降法，对式（2.50）求取函数梯度（Cichocki et al.，1994）

$$\frac{\mathrm{d}J}{\mathrm{d}\boldsymbol{x}} = \boldsymbol{H}^{\mathrm{T}}(\boldsymbol{y} - \boldsymbol{H}\boldsymbol{x}) - \alpha\boldsymbol{x} \tag{2.52}$$

根据式（2.52），模型参数 $\boldsymbol{x}$ 的解可以表示为

$$(\boldsymbol{H}^{\mathrm{T}}\boldsymbol{H} + \alpha\boldsymbol{I})x = \boldsymbol{H}^{\mathrm{T}}\boldsymbol{y} \tag{2.53}$$

矩阵 $\boldsymbol{H}$ 的条件数表示了矩阵计算对于误差的敏感性，通常也可以用来指示矩阵的病态性情况：条件数越大说明病态性越严重；条件性越小，则表示问题的病态性越小。矩阵的条件数计算公式如下（以 2- 范数为例）：

$$\mathrm{cond}(\boldsymbol{H},2) = \frac{\sigma_{\max}^2}{\sigma_{\min}^2} \tag{2.54}$$

其中：$\sigma_{\max}$ 和 $\sigma_{\min}$ 表示矩阵的最大和最小特征值。考虑不加入 Tikhonove 规整化项的情况，矩阵 $\boldsymbol{H}^+$（式 2.47）的条件数为

$$\mathrm{cond}(\boldsymbol{H}^+,2) = \frac{\left(\sigma_{\max}^{H^+}\right)^2}{\left(\sigma_{\min}^{H^+}\right)^2} \tag{2.55}$$

其中：$\sigma_{\max}^{H^+}$ 和 $\sigma_{\min}^{H^+}$ 表示矩阵的最大和最小特征值，考虑在目标函数中加入 Tikhonove 规整化项后的条件数为

$$\mathrm{cond}(\boldsymbol{H}_\alpha^+,2) = \frac{\left(\sigma_{\max}^{H^+}\right)^2 + \alpha}{\left(\sigma_{\min}^{H^+}\right)^2 + \alpha} \tag{2.56}$$

其中：$\boldsymbol{H}_a^+$ 表示加入规整化项后的求逆矩阵。式（2.56）中，因为 $\sigma_{\max}^{H^+} \geqslant \sigma_{\min}^{H^+}$，所以加入规整化项后，$\mathrm{cond}(\boldsymbol{H}_a^+, 2) \leqslant \mathrm{cond}(\boldsymbol{H}^+, 2)$。可以看出，通过使用 Tikhonove 规整化方法，求解问题的病态性得到了有效的控制。

在规整化项的加入过程中，对于规整化参数 α 的选择尤为重要，其决定了解的平滑程度。过于平滑会导致估计模型分辨率的下降；平滑不足的情况下，会出现由于误差方法所导致的估计模型中数值虚假跳变，影响数据的分析和解释。为了更好地解释规整化参数的作用，以下采用特征值分解的方法对其进行分析。根据特征值分解理论，将矩阵 $\boldsymbol{H}_a^+$ 进行如下分解：

$$\boldsymbol{H}_a^+ = \boldsymbol{U} \boldsymbol{\Sigma} \boldsymbol{V}^{\mathrm{T}} = \sum_{i=1}^{m} \sigma_i \boldsymbol{u}_i \boldsymbol{v}_i^{\mathrm{T}} \tag{2.57}$$

假定 m 表示离散化后的模型长度，$\boldsymbol{U} = [\boldsymbol{u}_1, \boldsymbol{u}_2, \cdots, \boldsymbol{u}_m]$ 和 $\boldsymbol{V} = [\boldsymbol{v}_1, \boldsymbol{v}_2, \cdots, \boldsymbol{v}_m]$ 分解后为特征矩阵，$\boldsymbol{\Sigma} = \mathrm{diag}\{\sigma_1, \sigma_2, \cdots, \sigma_m\}$ 为对角线分布的特征值，则根据式（2.53），解 $\boldsymbol{x}$ 可以表示为

$$\boldsymbol{x} = \sum_{i=1}^{m} \frac{\boldsymbol{u}_i^{\mathrm{T}} \sigma_i \boldsymbol{v}_i}{\sigma_i^2 + \alpha} \cdot \boldsymbol{y} = \sum_{i=1}^{m} \frac{\boldsymbol{u}_i^{\mathrm{T}} \boldsymbol{v}_i}{\sigma_i + \alpha/\sigma_i} \boldsymbol{y} \tag{2.58}$$

由上式可以分析得出，规整化参数 α 的取值与矩阵 $\boldsymbol{H}_a^+$ 的特征值的大小相关。当 α 的取值小于特征值 σ_i 的情况下，解 $\boldsymbol{x}$ 与在没有规整化项的情况下相比，几乎没有差别。但是当远大于 σ_i 的情况下（或者 σ_i 趋近于零值），解不再由 σ_i 决定，而由 α 的取值决定，如式（2.59）所示：

$$\boldsymbol{x} = \sum_{i=1}^{m} \frac{\boldsymbol{u}_i^{\mathrm{T}} \boldsymbol{v}_i}{\alpha/\sigma_i} \boldsymbol{y} \tag{2.59}$$

当 σ_i 中某个值趋于零值情况下，则 α/σ_i 趋于无穷大，$\frac{\boldsymbol{u}_i^{\mathrm{T}} \boldsymbol{v}_i}{\alpha/\sigma_i} \boldsymbol{y}$ 趋于零值。Cichocki 等（1994）分析了这个过程，他们认为：σ_i 趋于零表示了实际物理模型的非连续性的出现，导致了解的病态性的增加。而 Tikhonove 规整化项的加入，有效地解决了这个问题，规整化参数可以有效地滤除解空间中的非良性数据（奇异值 σ_i 远小于 α 的项），大大提高了解的良态性。

O'Leary 进一步分析了含有噪声情况下的 Tikhonove 规整化参数设置问题。其通过数学分析后，得出

$$g(\alpha) = \sum_{i=1}^{m} \frac{\alpha (\boldsymbol{u}_i^{\mathrm{T}} \boldsymbol{y})^2}{(\sigma_i^2 + \alpha)^3} - \frac{(\boldsymbol{u}_m^{\mathrm{T}} \boldsymbol{y})^2}{(\sigma_m^2 + \alpha)^2} - \hat{\sigma}_e^2 \sum_{i=1}^{m-1} \frac{1}{(\sigma_i^2 + \alpha)^2} \tag{2.60}$$

其中：$\hat{\sigma}_e^2$ 表示噪声的估计方差。其通过分析证明：当 $g(\alpha) = 0$ 时，解 α 为 Tikhonove 的最优规整化参数设置。

3 地球物理大地电磁数据盲信号处理

大地电磁法(magnetotellurics，MT)是 20 世纪 50 年代初由苏联的吉洪诺夫(A. N. Tikhonov)和法国的卡尼亚(L. Cagniard)先后独立提出来的一种地球物理方法。MT 通过在地表观测天然存在的交变电磁场信号来推断地下介质的电性分布。由于电磁波频率越低则在介质中传播时衰减越慢、穿透深度越大，而天然电磁场的频带极宽，使得 MT 的探测深度浅至几十米，深可达几百千米，广泛应用于多个领域，包括环境和工程调查，能源和资源勘探，地震和火山灾害监测，地壳和上地幔结构探测，海洋和空间电磁测量等(石应骏等，1985)。

3.1　大地电磁法正反演方法的发展概述

大地电磁资料的处理解释中极其关键的一步是反演，目前 MT 的二维反演已经非常成熟，方法众多且各具特点(Rodi et al.，2001；Siripunvaraporn and Egbert，2000；Smith and Booker，1991；De Groot-Hedlin and Constable，1990)。然而将这些方法推广到三维反演中时，不可避免地遇到各种各样的困难，其中最核心的问题就是远超二维反演的庞大的计算量,这是由三维问题本身的特点所决定的。近年来,国内外学者陆续实现了一些有效的三维 MT 反演算法(Siripunvaraporn et al.,2005;Farquharson et al.,2002;Newman and Hoversten,2000;Mackie et al.,1993),这些方法在理论模型的反演测试中基本都取得了成功,计算结果可靠性较高,数据规模不大时对存储的需求以及时间的花费尚可接受。但关于大型实测数据的三维反演解释的报道依然非常少见,说明 MT 的三维反演尚未真正得以普及,原因是显然的——地下真实的三维地电结构往往远比理论模型复杂,使得实际数据规模更大、更加复杂,对其进行三维反演非唯一性问题极其严重,要得到合理的反演结果需要更多的迭代次数,计算时间长得难以承受,且容易反演失败。随着计算机硬件设备的迅速发展以及诸如并行计算之类的技术逐渐在地球物理反演中的推广(李焱和胡祥云,2010;Maris et al.,2010;Siripunvaraporn and Egbert,2009;谭捍东等,2008),三维反演的计算时间问题终究会得到解决,但地球物理工作者对反演算法本身的继续研究无疑是有必要的。一来在数学领域出现了诸多新的理论与方法,且尚有大量优秀的方法未被应用到地球物理中,若得以应用可能起到意想不到的好效果;二来地球物理反演的非唯一性问题依然严重,尤其是随着勘探环境、目标体愈加复杂,现存的方法将逐渐出现困难,而且没有一种单一反演方法是万能的,各种反演方法的相互验证是削弱非唯一性的有效途径。

严格来说,若不考虑正演部分,一维、二维还是三维反演并没有本质上的区别,基本原理是一样的(像 Niblett-Bostick 一维反演这样的特殊情况除外),一种反演方法完全可以从一维推广到二维甚至三维。对一种新的反演方法的研究,比较好的策略是先应用于简单的低维情况的反演,若可行性得到验证,再向更加复杂的多维反演推广。

正演是反演的核心部分,事实上反演的绝大部分的计算量都在于正演。反演过程中要不断地进行正演,例如在典型的线性化迭代类反演方法中,拟合差的计算、雅可比矩阵或其与向量的乘积的计算等本质上都是正演计算(Siripunvaraporn,2012),因此快速准确的正演方法对反演而言是至关重要的。一切电磁场模拟问题的本质无非是求解麦克斯韦(Maxwell)方程,不同的问题不过是场源与介质不同。对于大地电磁法,在场源模型近似为天然电磁场以均匀平面波形式垂直入射大地的情况下,除了水平层状介质和极少数简单的二维模型存在解析公式,一般都需要通过数值方法求解 Maxwell 这个偏微分方程。有限差分法、有限元法和积分方程法是目前广泛应用于大地电磁正演问题的三种方法,对于它们的发展历史和现状,国内外不少学者已经作过很好的总结(Borner,2010;汤井田等,2007;Avdeev,2005),这里只简单概述。

有限差分法的实质是使用差分代替微分算子,很早便应用于 MT 二维正演问题(Jones and Pascoe,1971),三维交错网格有限差分法的出现则使得 MT 的三维正演迈上了一个新台阶(Mackie et al.,1993)。有限差分法简单易懂,容易编程实现,最后待解的有限差分离散方程大小适度,且能保持较高的计算精度,因此目前主流的 MT 三维反演算法均是通过有限差分来完成其中的正演计算。但有限差分法也存在其固有问题,即要求对模型进行规则网格剖分,这样一来要模拟几何形状复杂的模型(如轮廓复杂的异常体、起伏地形等)将变得非常困难。

有限单元法则是在微小的区域内通过区域节点的场值构建插值函数,以近似形成全区域的场值分布。MT 二维正演的有限元法的发展时间较长(Coggon,1971),且由于有限元方法种类繁多,MT 的有限元正演多年来一直在蓬勃发展。相比有限差分法,有限元法的网格剖分要灵活得多,可以是非常不规则的网格。因此,非常适合模拟具有任意几何形状电性分界面的电磁场,目前发展方向为自适应非结构网格的有限元法(Li and Pek,2008;Franke et al.,2007;Key and Weiss,2006)、便于描述场的变化和连续性的棱边元法(矢量有限元)(Nam,2007;Mitsuhata and Uchida,2004)等。有限元法的一大缺陷在于最后待解的有限元离散方程规模较大,尤其是在三维问题中这个缺点被进一步放大,这是目前有限元法还难以成为成熟的三维反演算法引擎的根本原因。当然,随着硬件设备的快速发展,高精度的有限元法必将逐步取代有限差分法。

积分方程法则是基于电磁场的格林函数理论,将 Maxwell 方程变为第二类 Fredholm 积分方程,再进一步离散为线性方程。不同于前两种微分类方法,积分方程法只需对异常体进行剖分,因此待解的线性方程比往往比前两者要小得多,在背景模型较为均匀且只有少数几个异常体的情况下,计算快速而准确。当然,在背景模型复杂、异常体较多的情况下,这些优势便难以体现了,面对这种困难,积分方程法的研究仍在继续(Avdeev and Knizhnik,2009;Zhdanov et al.,2006)。

除了以上几种传统的方法,一些较新的求解偏微分方程的技术也出现在电磁场的数值模拟中,区域分解法就是其中之一(吕涛等,1999)。顾名思义,区域分解法就是将整个计算区域分解为多个子区域,各子区域之间通过分界面上边界条件的匹配进行连接,再求解各个子区域上的问题来获得整个大问题的解。这样将一个复杂的大型问题转化为多个较简单的小问题来解有很多好处。例如大型的 MT 正演问题,若应用区域分解法,则有可能只需求解多个很小的线性方程,而不是一个整体的大型线性系统,这样对内存的消耗就被大大减少,可以使用直接解法(矩阵分解)求解,从而发挥直接解法较稳定的优点;另外,高电性差异的地下模型以及空气层的加入会导致待解方程具有很大的条件数,这给迭代类解法带来了困难。若能将电性差异巨大的区域分离开来,在各自子域独立求解,那么由于各子域内的电性相当,待解的小型线性方程的条件数将比整个大型线性系统小得多,迭代类解法将更容易收敛;此外,若各子域的独立性较好,则该算法易于实现并行计算。区域分解法在地球电磁感应问题中已有所应用。Xiong(1999)使用交错网格有限差分法解CSAMT三维正演问题时,应用一种自适应 Schwarz 重叠型区域分解法将空气层与地下介质分离在不同的子域独立求解,使得各子域的线性方程具有很小的条件数,同时内存使用大大减少;Zyserman 等(1999)应用混合有限元-区域分解法解 MT 二维正演问题,为非重叠型方法,在边界上强加 Robin 类吸收边界条件,减少了反射影响的同时使得各子区域的求解具有高度的独立性,从而非常适合于并行计算;Zyserman 和 Santos(2000)随后将该算法扩展到了 MT 的三维正演中;Xie 等(2000)同样使用非重叠型有限元-区域分解法进行三维 CSAMT 的正演计算;Rung-Arunwan 和 Siripunvaraporn(2010)则对标准的等级区域分解法进行了修改,结合有限差分法解 MT 的二维正演,使得计算时间取决于方程的大小,而几乎与频率、极化模式以及模型的复杂程度无关。

在反演算法方面,Occam 反演方法的提出大大促进了反演算法的发展(Constable et al.,1987),之后的方法纷纷效仿这种基于正则化思想的光滑反演,比如大地电磁中著名的快速松弛反演(rapid relaxation inversion,RRI)(Smith and Booker,1991),非线性共轭梯度反演(nonlinear conjugate gradient,NLCG)(Rodi and Mackie,2001)等,这些方法自身的特点各有不同,如灵敏度矩阵的计算方式,方程的解法,线搜索的方向等,这些将在 3.2 节进行更详细的讨论。

总体上,目前大地电磁的反演研究集中于以下几个方面:

(1) 将已经在其他领域出现的方法技术应用于 MT 的反演,以提高反演计算的精度和效率,如数学领域中各种优秀的数值优化方法,高性能计算领域的并行计算技术;

(2) 对真实存在的复杂的地质与地球物理条件的引入,典型的如起伏地形条件下的反演,电性各向异性介质(Wannamaker,2005)、高电性差异介质和高磁导率介质的反演等;

(3) 为削弱非唯一性得到更真实地下结构的联合反演,如使用 MT 响应中的垂直磁场分量 H_z 信息的反演(Siripunvaraporn,2012;Berdichevsky

et al.,2003),MT 数据与其他电磁法(电法)或非电磁法数据的联合反演等(Hu et al.,2011;Newman and commer,2009)。

依据三维交错网格有限差分法,一种类似的二维交错网格有限差分法被提出并得到广泛研究(谭捍东等,2003;Siripunvaraporn et al.,2002;Smith 1996;Mackie et al.,1994;Mackie and Madden,1993)。与传统的有限差分法不同,该研究从 Maxwell 方程的积分形式开始,推导了两种不同模式的有限差分方程,数值实验分析证明了该方法的有效性。

3.2　二维介质中的大地电磁场边值问题

宏观电磁场遵守经典的 Maxwell 方程。二维地电结构是指介质的电性沿两个方向发生变化。假设在右旋直角坐标系中原点在地面,z 轴正向垂直向下,介质电性在水平方向沿 y 轴发生变化,沿 x 轴方向是均匀的,真实情况下 x 方向通常相当于构造走向。假设电磁场随时间的变化因子为 e^{-iwt}。在大地电磁勘探的频率范围内,位移电流的作用可以忽略;导电介质内部电荷密度会很快消失;则实用单位制(meter-kilogram-second-ampere,MKSA)下 Maxwell 方程组的微分形式简化为

$$\begin{cases} \nabla \times \boldsymbol{H} = \sigma \boldsymbol{E} \\ \nabla \times \boldsymbol{E} = i\omega\mu\boldsymbol{H} \\ \nabla \cdot \boldsymbol{H} = \boldsymbol{0} \\ \nabla \cdot \boldsymbol{E} = \boldsymbol{0} \end{cases} \tag{3.1}$$

将其中两个旋度方程写成电磁场的分量形式,则分离成两组互不相关的方程,一组仅包含 E_x,H_y 和 H_z 分量,称为 E 极化模式或 TE 模式:

$$\begin{cases} \dfrac{\partial E_x}{\partial z} = i\omega\mu H_y \\[2mm] \dfrac{\partial E_x}{\partial y} = -i\omega\mu H_z \\[2mm] \dfrac{\partial H_z}{\partial y} - \dfrac{\partial H_y}{\partial z} = \sigma E_x \end{cases} \tag{3.2}$$

另一组则仅包含 H_x,E_y 和 E_z 分量,称为 B 极化模式或 TM 模式:

$$\begin{cases} \dfrac{\partial H_x}{\partial z} = \sigma E_y \\[2mm] \dfrac{\partial H_x}{\partial y} = -\sigma E_z \\[2mm] \dfrac{\partial E_z}{\partial y} - \dfrac{\partial E_y}{\partial z} = i\omega\mu H_x \end{cases} \tag{3.3}$$

要解以上偏微分方程,必须给出问题的边界条件。使用有限差分求解时,通常将整个研究区域的边界取为规则的矩形,如图 3.1 所示。

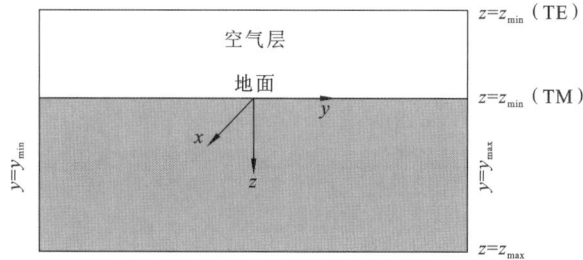

图 3.1　研究区域的边界示意图

对于 TM 模式,上边界可以取在地面,因为在空气中包括地面上 $\sigma \to 0, \frac{\partial H_x}{\partial y} \approx 0, \frac{\partial H_x}{\partial z} \approx 0, H_x$ 近似为一常数,这个常数可以取为任意值(比如 1),因为我们关心的是电场与磁场分量之比,而非单独某个分量的大小。对于 TE 模式,地面上的 E_x 和 H_y 都不是常量,仍受到地下横向不均匀异常体的影响,因此上边界不能取在地面而是要离开地面一定的距离,使得地下横向不均匀异常体的影响在这个高度上可忽略不计。两种模式的下边界都应该取在其下部介质已属一维地电结构(水平层状结构或均匀半空间)的地方,这样很容易通过求下边界的表面阻抗来给出下边界的边界条件。两种模式的两个侧面边界应该取在离横向电性不均匀体足够远的地方,这样可以将该处的地电结构看成一维的,同样可以很容易求得侧面的阻抗值来给定两侧的边界条件。

综上所述,4 个边界条件可以按表 3.1 中的方式给出。

表 3.1　边界条件形式

	TE 模式	TM 模式
上边界$(z=z_{\min})$	$\frac{\partial E_x}{\partial z} = \mathrm{i}\omega\mu H_0$	$\frac{\partial E_z}{\partial y} - \frac{\partial E_y}{\partial z} = \mathrm{i}\omega\mu H_0$
下边界$(z=z_{\max})$	$\frac{\partial E_x}{\partial z} = \mathrm{i}\omega\mu \frac{E_x}{Z_{bottom}}$	$\frac{\partial H_x}{\partial z} = \sigma H_x Z_{bottom}$
侧边界$(y=y_{\min},y=y_{\max})$	$\frac{\partial E_x}{\partial y} = 0$	$\frac{\partial H_x}{\partial y} = 0$

3.3   二维交错网格有限差分法

3.3.1   电磁场采样方式

有限差分法通常将研究区域剖分为一系列规则的矩形网格单元。对于交错网格有限差分法，每个小单元上的电磁场按图 3.2 所示的方式定义在固定的位置，即 TE 模式磁场分量定义在网格边的中点，电场分量定义在网格面中心；TM 模式则是电场分量定义在网格边的中点，磁场分量定义在网格面中心。

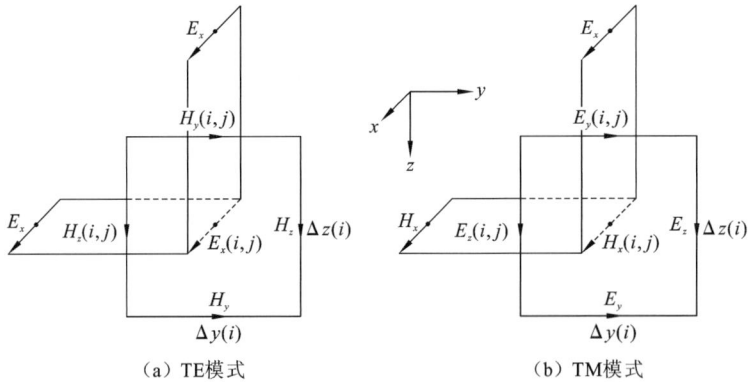

（a）TE模式   （b）TM模式

图 3.2   二维网格单元中电磁场交错采样方式

3.3.2   有限差分方程的导出

从物理意义更明确的 Maxwell 方程的积分形式来推导有限差分方程，其实这与从一阶微分方程来推导的结果是一致的。方程（3.1）前两式的积分形式为

$$\oint_l \boldsymbol{H} \cdot \mathrm{d}l = \iint_S \boldsymbol{J} \cdot \mathrm{d}\boldsymbol{s} = \iint_S \sigma \boldsymbol{E} \cdot \mathrm{d}\boldsymbol{s} \tag{3.4}$$

$$\oint_l \boldsymbol{E} \cdot \mathrm{d}l = \iint_S i\omega\mu_0 \boldsymbol{H} \cdot \mathrm{d}\boldsymbol{s} \tag{3.5}$$

通常将磁导率取为自由空间的值 $\mu_0 = 4\pi \times 10^{-7}\,\mathrm{H/m}$。在前述电磁场分量交错采样的情况下，假设每一个单元内电导率是均匀的，第 (i,j) 个单元的电导率为 $\sigma(i,j)$。

1. TE 模式

参看图 3.2(a),将积分方程(3.4)离散化为

$$[H_y(i,j+1)-H_y(i,j)] \cdot \Delta y(j) + [H_z(i,j)-H_z(i+1,j)] \cdot \Delta z(j)$$
$$= \sigma(i,j)E_x(i,j) \cdot \Delta y(i) \cdot \Delta z(j)$$

$$(3.6)$$

将积分方程(3.5)离散化为

$$E_x(i,j-1)-E_x(i,j)=\mathrm{i}\omega\mu_0 H_y(i,j)\frac{\Delta z(j)+\Delta z(j-1)}{2} \quad (3.7a)$$

$$E_x(i,j)-E_x(i-1,j)=\mathrm{i}\omega\mu_0 H_z(i,j)\frac{\Delta y(i)+\Delta y(i-1)}{2} \quad (3.7b)$$

以上三式均同时含有电场分量与磁场分量,与一阶微分方程的离散形式是一致的,可以消除电场分量或磁场分量得到只含一种分量方程,这样待解方程的系数矩阵大小将减小约一半,相当于求解二阶电磁场方程。考虑到 TE 模式的磁场定义在网格边缘,为了便于处理顶部的边界条件,消除电场分量以得到二阶的磁场方程,即把式(3.6)代入式(3.7a)和式(3.7b)中:

$$\mathrm{i}\omega\mu_0 \frac{\Delta z(j)+\Delta z(j-1)}{2}H_y(i,j)$$
$$=\frac{1}{\sigma(i,j-1)}\left(\frac{H_y(i,j)-H_y(i,j-1)}{\Delta z(j-1)}+\frac{H_z(i,j-1)-H_z(i+1,j-1)}{\Delta y(i)}\right) \quad (3.8a)$$
$$-\frac{1}{\sigma(i,j)}\left(\frac{H_y(i,j+1)-H_y(i,j)}{\Delta z(j)}+\frac{H_z(i,j)-H_z(i+1,j)}{\Delta y(i)}\right)$$

$$\mathrm{i}\omega\mu_0 \frac{\Delta y(i)+\Delta y(i-1)}{2}H_z(i,j)$$
$$=\frac{1}{\sigma(i,j)}\left(\frac{H_y(i,j+1)-H_y(i,j)}{\Delta z(j)}+\frac{H_z(i,j)-H_z(i+1,j)}{\Delta y(i)}\right) \quad (3.8b)$$
$$-\frac{1}{\sigma(i-1,j)}\left(\frac{H_y(i-1,j+1)-H_y(i-1,j)}{\Delta z(j)}+\frac{H_z(i-1,j)-H_z(i,j)}{\Delta y(i-1)}\right)$$

式(3.8a)和式(3.8b)中各自有 7 个不同位置的磁场值,可进一步将式(3.8a)和式(3.8b)写成

$$A_0 H_y(i,j)+A_1 H_y(i,j-1)+A_2 H_y(i,j+1)+A_3 H_z(i,j-1)$$
$$+A_4 H_z(i+1,j-1)+A_5 H_z(i,j)+A_6 H_z(i+1,j)=0 \quad (3.9a)$$

$$B_0 H_z(i,j)+B_1 H_z(i-1,j)+B_2 H_z(i+1,j)+B_3 H_y(i-1,j)$$
$$+B_4 H_y(i-1,j+1)+B_5 H_y(i,j)+B_6 H_y(i,j+1)=0 \quad (3.9b)$$

$$B_0 H_z(i,j)+B_1 H_z(i+1,j)+B_2 H_z(i-1,j)+B_3 H_y(i,j+1)$$
$$+B_4 H_y(i,j)+B_5 H_y(i-1,j+1)+B_6 H_y(i-1,j)=0 \quad (3.9c)$$

其中：

$$A_0 = \mathrm{i}\omega\mu_0 \frac{\Delta z(j) + \Delta z(j-1)}{2} - A_1 - A_2$$

$$A_1 = \frac{1}{\sigma(i,j-1)} \cdot \frac{1}{\Delta z(j-1)}$$

$$A_2 = \frac{1}{\sigma(i,j)} \cdot \frac{1}{\Delta z(j)}$$

$$A_3 = -\frac{1}{\sigma(i,j-1)} \cdot \frac{1}{\Delta y(i)}$$

$$A_4 = -A_3$$

$$A_5 = \frac{1}{\sigma(i,j)} \cdot \frac{1}{\Delta y(i)}$$

$$A_6 = -A_5$$

$$B_0 = \mathrm{i}\omega\mu_0 \frac{\Delta y(i) + \Delta y(i-1)}{2} - B_1 - B_2$$

$$B_1 = \frac{1}{\sigma(i-1,j)} \cdot \frac{1}{\Delta y(i-1)}$$

$$B_2 = \frac{1}{\sigma(i,j)} \cdot \frac{1}{\Delta y(i)}$$

$$B_3 = -\frac{1}{\sigma(i-1,j)} \cdot \frac{1}{\Delta z(j)}$$

$$B_4 = -B_3$$

$$B_5 = \frac{1}{\sigma(i,j)} \cdot \frac{1}{\Delta z(j)}$$

$$B_6 = -B_5$$

以上三式合在一起写成矩阵形式

$$\begin{pmatrix} \boldsymbol{M}_{yy}^{(i,j)} & \boldsymbol{N}_{yz}^{(i,j)} \\ \boldsymbol{N}_{zy}^{(i,j)} & \boldsymbol{M}_{zz}^{(i,j)} \end{pmatrix} \begin{pmatrix} \boldsymbol{H}_y^{(i,j)} \\ \boldsymbol{H}_z^{(i,j)} \end{pmatrix} = \boldsymbol{0} \qquad (3.10)$$

其中：$\boldsymbol{M}_{yy}^{(i,j)} = (A_0, A_1, A_2, 0, 0)$

$\qquad \boldsymbol{N}_{yz}^{(i,j)} = (A_5, 0, A_6, A_3, A_4)$

$\qquad \boldsymbol{N}_{zy}^{(i,j)} = (B_5, 0, B_6, B_3, B_4)$

$\qquad \boldsymbol{M}_{zz}^{(i,j)} = (B_0, B_1, B_2, 0, 0)$

$\qquad \boldsymbol{H}_y^{(i,j)} = [H_y(i,j), H_y(i,j-1), H_y(i,j+1), H_y(i-1,j), H_y(i-1,j+1)]^{\mathrm{T}}$

$\qquad \boldsymbol{H}_z^{(i,j)} = [H_z(i,j), H_z(i-1,j), H_z(i+1,j), H_z(i,j-1), H_z(i+1,j-1)]^{\mathrm{T}}$

式(3.10)为第(i,j)个单元的差分方程,则全区域的差分方程的矩阵形式为

$$\boldsymbol{A}\boldsymbol{x} = \begin{pmatrix} \boldsymbol{M}_{yy} & \boldsymbol{N}_{yz} \\ \boldsymbol{N}_{zy} & \boldsymbol{M}_{zz} \end{pmatrix} \begin{pmatrix} \boldsymbol{H}_y \\ \boldsymbol{H}_z \end{pmatrix} = \boldsymbol{b} \qquad (3.11)$$

其中:b 表示边界条件。解以上方程求得磁场分量后,再由一阶离散方程(3.6)计算电场分量。

2. TM 模式

对于 TM 模式,将积分方程(3.4)离散化为

$$H_x(i,j-1)-H_x(i,j)=\bar{\sigma}_{yy}E_y(i,j)\frac{\Delta z(j)+\Delta z(j-1)}{2} \quad (3.12\text{a})$$

$$H_x(i,j)-H_x(i-1,j)=\bar{\sigma}_{zz}E_z(i,j)\frac{\Delta y(i)+\Delta y(i-1)}{2} \quad (3.12\text{b})$$

与 TE 模式不同的是由于电场分量取在单元的边缘,边缘的电导率定义为相邻 2 个单元电导率的平均值,即

$$\bar{\sigma}_{yy}=\frac{\sigma(i,j)+\sigma(i,j-1)}{2} \qquad \bar{\sigma}_{zz}=\frac{\sigma(i,j)+\sigma(i-1,j)}{2}$$

将式(3.5)离散化为

$$(E_y(i,j+1)-E_y(i,j))\cdot\Delta y(i)+(E_z(i,j)-E_z(i+1,j))\cdot\Delta z(j)$$
$$=i\omega\mu_0 H_x(i,j)\cdot\Delta y(i)\cdot\Delta z(j) \quad (3.13)$$

尽管解二阶磁场方程处理边界条件更方便,但这里为了与 TE 模式对应,消除磁场分量来解二阶电场方程,将式(3.13)代入式(3.12a)和式(3.12b)中:

$$i\omega\mu_0\bar{\sigma}_{yy}E_y(i,j)\frac{\Delta z(j)+\Delta z(j-1)}{2}$$
$$=\frac{E_y(i,j)-E_y(i,j-1)}{\Delta z(j-1)}+\frac{E_z(i,j-1)-E_z(i+1,j-1)}{\Delta y(i)}- \quad (3.14\text{a})$$
$$\frac{E_y(i,j+1)-E_y(i,j)}{\Delta z(j)}-\frac{E_z(i,j)-E_z(i+1,j)}{\Delta y(i)}$$

$$i\omega\mu_0\bar{\sigma}_{zz}E_z(i,j)\frac{\Delta y(i)+\Delta y(i-1)}{2}$$
$$=\frac{E_y(i,j+1)-E_y(i,j)}{\Delta z(j)}+\frac{E_z(i,j)-E_z(i+1,j)}{\Delta y(i)}- \quad (3.14\text{b})$$
$$\frac{E_y(i-1,j+1)-E_y(i-1,j)}{\Delta z(j)}-\frac{E_z(i-1,j)-E_z(i,j)}{\Delta y(i-1)}$$

类似于 TE 模式,最终可以得到全区域的 TM 模式的电场形式的差分方程

$$\boldsymbol{A}\boldsymbol{x}=\begin{pmatrix}\boldsymbol{M}_{yy}&\boldsymbol{N}_{yz}\\\boldsymbol{N}_{zy}&\boldsymbol{M}_{zz}\end{pmatrix}\begin{pmatrix}\boldsymbol{E}_y\\\boldsymbol{E}_z\end{pmatrix}=\boldsymbol{b} \quad (3.15)$$

方程(3.11)和方程(3.15)为大型、稀疏、对称复线性方程,使用迭代类解

法来求解这类方程往往比直接解法（如 LU 分解）的效率高得多（Barrett et al.，1994）。使用预优共轭梯度法来解，预优因子通过改善系数矩阵的特征值分布，以减少其条件数来加速收敛。解以上方程求得电场分量后，再由一阶离散方程（3.13）计算磁场分量。

3.3.3　地面电磁场的插值

有限差分法直接计算得到的是离散采样点处的电磁场值，从图 3.2 可以看到，由于电磁场的交错采样方式，TE 模式可以直接得到地面的磁场分量 H_y，但只能得到首层网格（不算空气层）中心的电场分量 E_x；而 TM 模式则刚好相反。为了获得地面同点处的电磁场值以计算地面大地电磁响应，需要对电磁场进行插值。De Groot-Hedlin（2006）对几种常用的插值方式进行了比较，认为指数插值的精度最高。尽管如此，从实验结果来看，指数插值和线性插值所得结果相差极小，因此选择更为简单的线性插值，与 Mackie 等（1993）的插值方法类似。以 TE 模式为例，假设地面水平磁场为 $H_y(i,0)$，水平电场 $E_x(i,0)$ 为（待求），首层网格底面的水平磁场为 $H_y(i,1)$，网格面中心水平电场为 $E_x\left(i,\dfrac{1}{2}\right)$，首层网格厚度 $\Delta z(0)$。先由以下公式求得距地面 $\Delta z(0)/4$ 以下的磁场：

$$H_y\left(i,\frac{1}{4}\right)=\frac{3}{4}H_y(i,0)+\frac{1}{4}H_y(i,1) \tag{3.16}$$

再由法拉第电磁感应定律的离散形式得

$$E_x(i,0)-E_x\left(i,\frac{1}{2}\right)=\mathrm{i}\omega\mu_0 H_y\left(i,\frac{1}{4}\right)\cdot\frac{\Delta z(0)}{2} \tag{3.17}$$

则地面水平电场的插值计算公式为

$$E_x(i,0)=E_x\left(i,\frac{1}{2}\right)+\mathrm{i}\omega\mu_0\Delta z(0)\left[\frac{3}{8}H_y(i,0)+\frac{1}{8}H_y(i,1)\right] \tag{3.18}$$

类似地，TM 模式地面水平磁场的插值公式为

$$H_x(i,0)=H_x\left(i,\frac{1}{2}\right)+\sigma(i,0)\Delta z(0)\left[\frac{3}{8}E_y(i,0)+\frac{1}{8}E_y(i,1)\right] \tag{3.19}$$

有了地面的电磁场值，地面大地电磁响应便很容易计算了。

3.4　数值实验：理论模型的正演计算

为了检验前述 MT 二维交错网格有限差分正演算法以及计算机程序的

性能(包括正确性和计算效率),对多个具有代表性的理论模型进行了正演试算。这些模型的响应有的可以通过解析公式计算;对于难以使用解析方法求解的模型,同时使用了国际上公认的性能优良的数值算法程序计算。

3.4.1 水平层状介质

法国学者 L. Cagniard 在 1953 年提出的经典的水平均匀层状模型,在较大尺度的地电结构研究中仍广泛适用,其大地电磁响应可以通过简单的解析公式求得,因此常被作为验证各种各样数值解精度的对象。设计了一个 K 型三层地电模型,模型参数如图 3.3 所示。

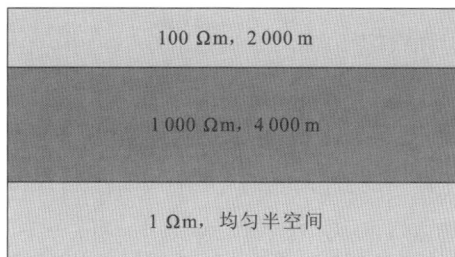

$100\ \Omega m,\ 2\ 000\ m$

$1\ 000\ \Omega m,\ 4\ 000\ m$

$1\ \Omega m,\ 均匀半空间$

图 3.3 三层 K 型地电模型

使用二维有限差分(finite-difference,FD)程序计算了该模型在 $0.1 \sim 10\ 000\ s$ 之间按对数等间隔分布的 21 个周期的响应,TE 模式、TM 模式响应与解析解的对比如图 3.4 所示。可以看出,数值计算结果与解析解非常吻合,说明我们的数值计算结果有很高的精度。

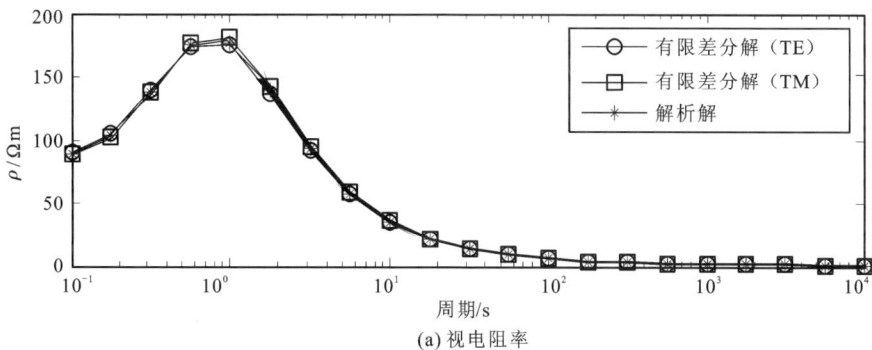

图 3.4 层状模型的有限差分解与解析解结果对比

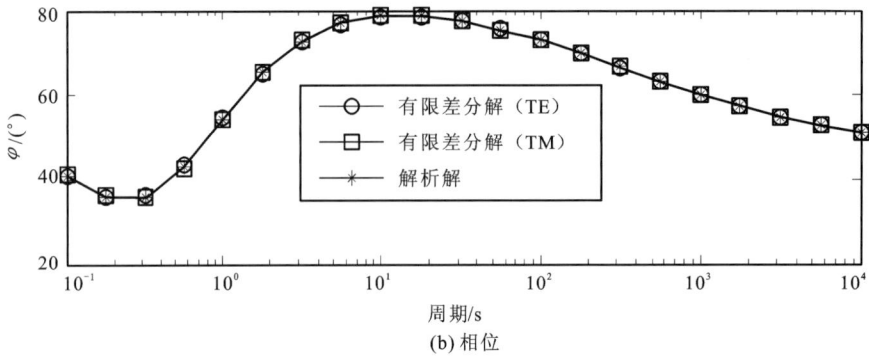

图 3.4   层状模型的有限差分解与解析解结果对比(续)

3.4.2   垂直断层模型

假设有一个在水平方向无限延伸的垂直断层,断层面两边的介质电阻率不同;这两种介质位于同一表面水平、电阻率均匀的基底上,基底电阻率趋于无穷大或 0,如图 3.5 所示。d'Erceville 和 Kuntz(1962)讨论了垂直断层模型在这两种极限情况下的 TM 模式正演解析公式,按照他们的方法,推导了 TE 模式的解析公式,并编写了相应的计算机程序。

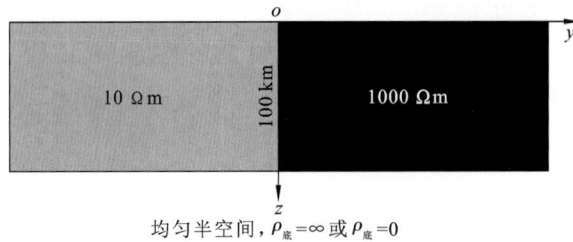

图 3.5   垂直断层模型

1. 基底电阻率趋于无穷大

使用数值方法求解时,既无法将某一模型参数的值设为无穷大,也不能设为任意大,因为过大的模型参数差异将导致高度病态的待解线性方程组,以至计算时间过长甚至求解失败。这里将基底电阻率设为 10^{10} Ωm。使用有限差分法对该模型进行正演,得到的 10 Hz,0.1 Hz 和 0.001 Hz 三个频率的视电阻率和相位随测点坐标的变化情况如图 3.6 所示。可以看出,高低频数

据的对比和断层两侧数据的对比均正确地反映出了模型的基本特征；相比
TE 模式、TM 模式的视电阻率从断层一侧到另一侧的突变极其明显，且在
0.001 Hz时远大于断层两侧的实际电阻率值，应该是底部高阻半空间的反
映，但断层两侧的差异依然突出，说明低频的 TM 视电阻率反映的高阻比 TE
模式更接近真值，其受浅部横向电性不均匀性的影响更大。而看相位图可以
发现，0.001 Hz 的 TM 相位几乎不受浅部横向电性不均匀性的影响。

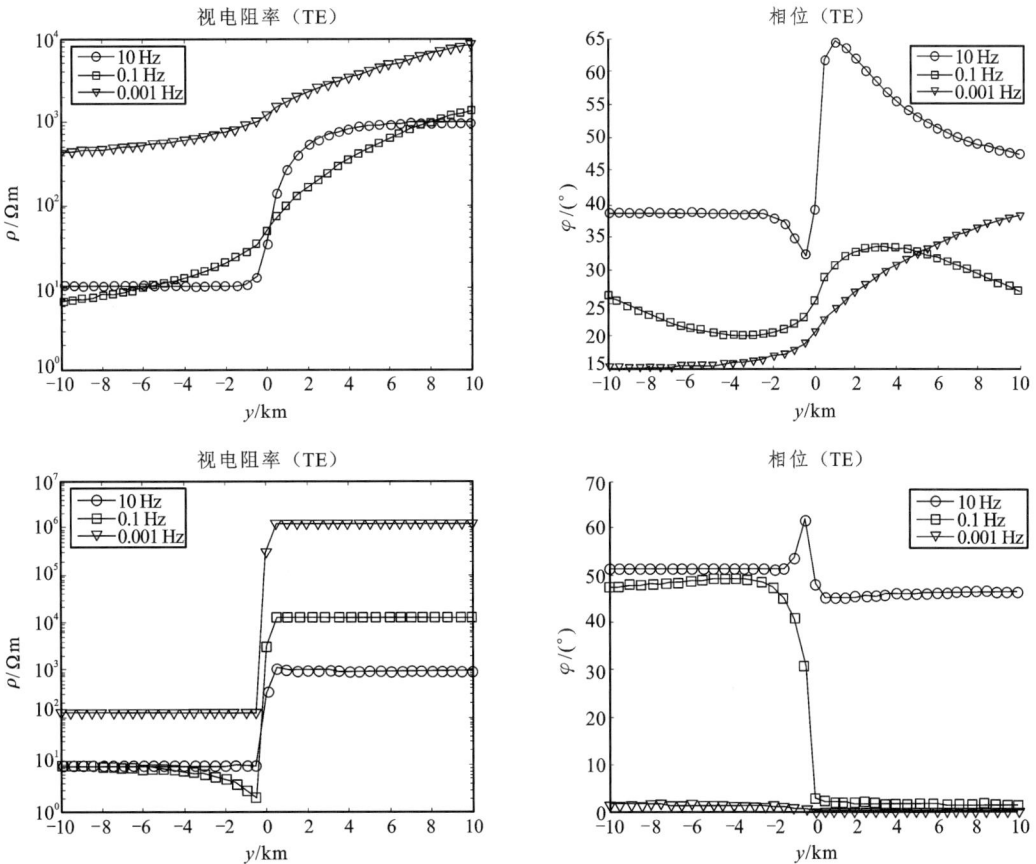

图 3.6 基底电阻率趋于无穷大时视电阻率(左)和相位(右)随测点位置变化情况

　　数值解与解析解的对比如图 3.7 所示。可以看出，TM 模式无论高频还
是低频，数值解和解析解视电阻率都非常接近，相位的吻合程度稍差；而 TE
模式只在高频时两种解的视电阻率能较好地吻合，低频时差异很大，造成这
种差异的可能原因之一是数值求解时基底的电阻率依然是有限值，而解析公
式是在基底电阻率无穷大的假设下得到的，二者 TE 模式相位差异非常大，也
可能是这个原因造成的。

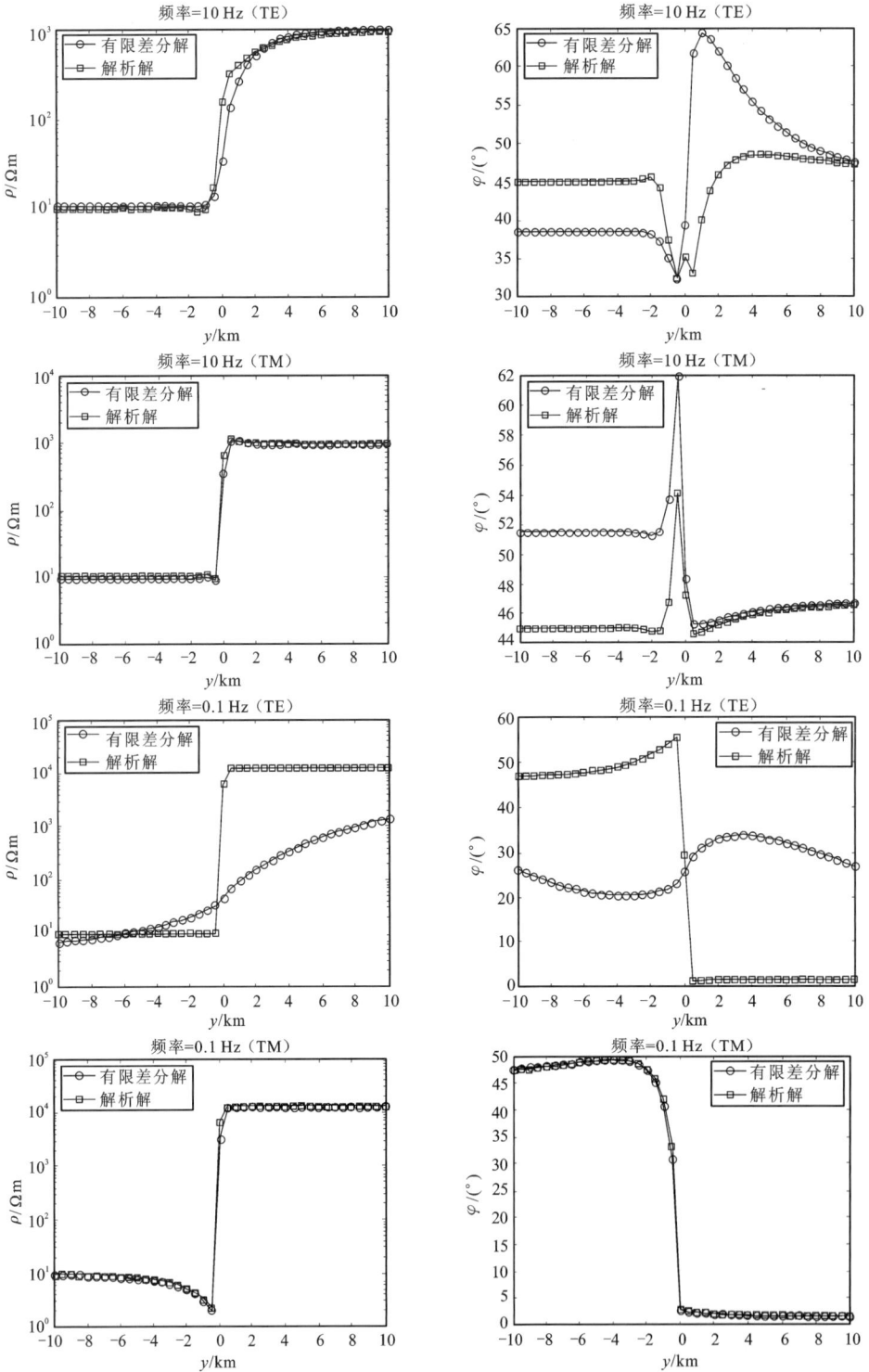

图 3.7　垂直断层基底电阻率无穷大模型的有限差分解与解析解结果对比:视电阻率(左)和相位(右)

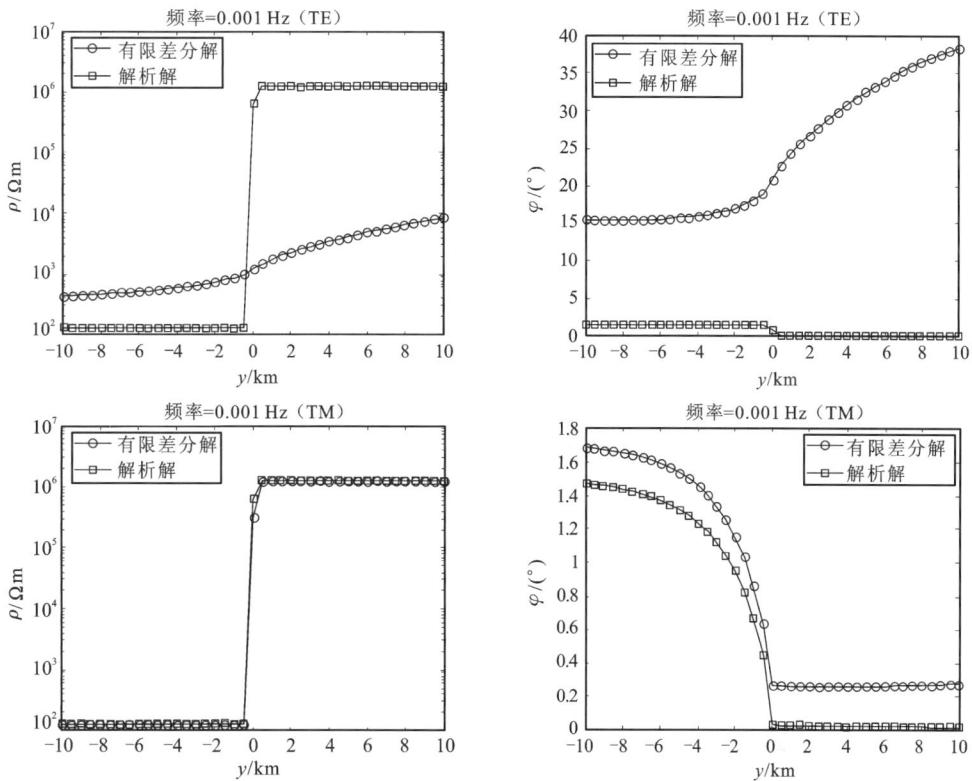

图 3.7　垂直断层基底电阻率无穷大模型的有限差分解与解析解结果对比:视电阻率(左)和相位(右)(续)

2. 基底电阻率趋于零

使用数值方法求解时,所有的电阻率值必须设定为大于 0 的数,这里将基底电阻率值设为 10^{-10} Ωm。使用有限差分法对该模型进行正演,得到的 1 Hz, 0.01 Hz 和 0.000 1 Hz 三个频率的视电阻率和相位随测点坐标的变化情况如图 3.8 所示。可以看出,高低频数据的对比和断层两侧数据的对比均正确地反映出了模型的基本特征;两种模式的在同一频率同一测点的视电阻率值相差远不如基底电阻率无穷大情况下明显;在频率低至 0.01 Hz 时 TE 模式的视电阻率值已无法反映出断层的存在(相位则有所反映),而 TM 模式却依然对断层有明显反映,再次说明浅部横向电性不均匀体对 TM 模式的影响较大;由于基底电阻率极小,即便频率低至 0.000 1 Hz,两种模式的视电阻率值还是难以接近基底真实电阻率值。

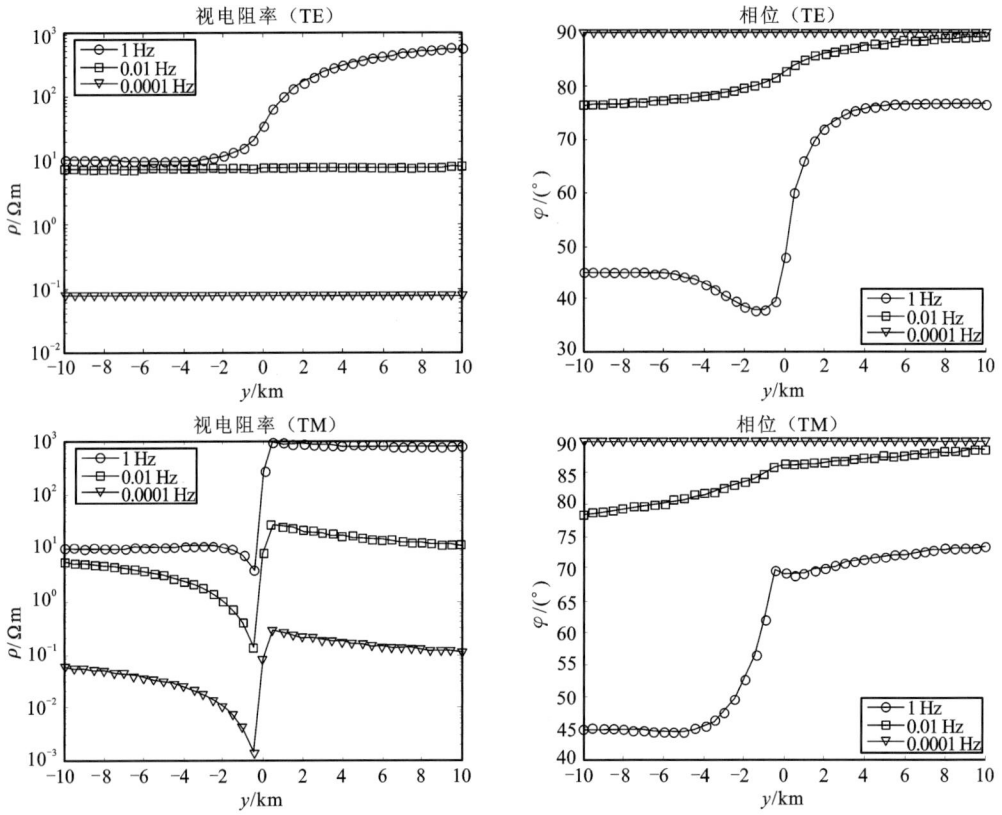

图 3.8　基底电阻率趋于零时视电阻率(左)和相位(右)随测点位置变化情况

数值解与解析解的对比如图 3.9 所示。可以看出,与基底电阻率无穷大情况下相比,无论视电阻率还是相位,数值解与解析解的吻合程度要好得多。

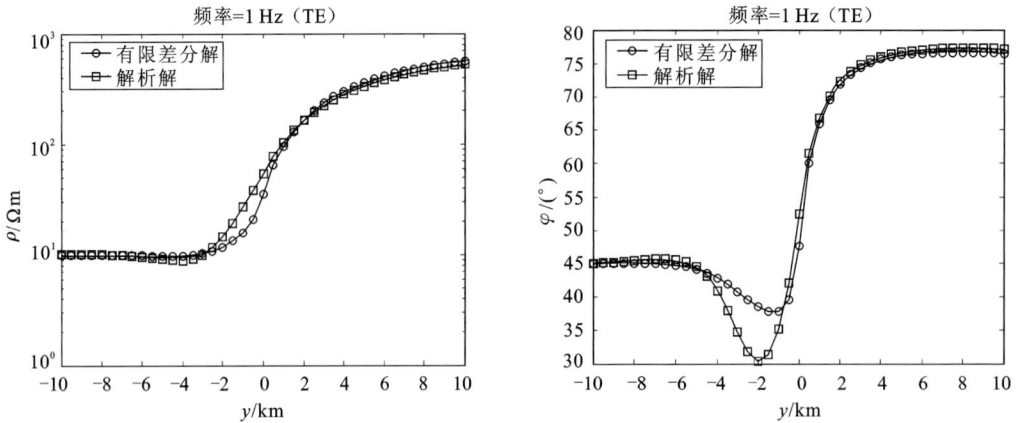

图 3.9　垂直断层基底电阻率趋于 0 模型的有限差分解与解析解结果对比:视电阻率(左)和相位(右)

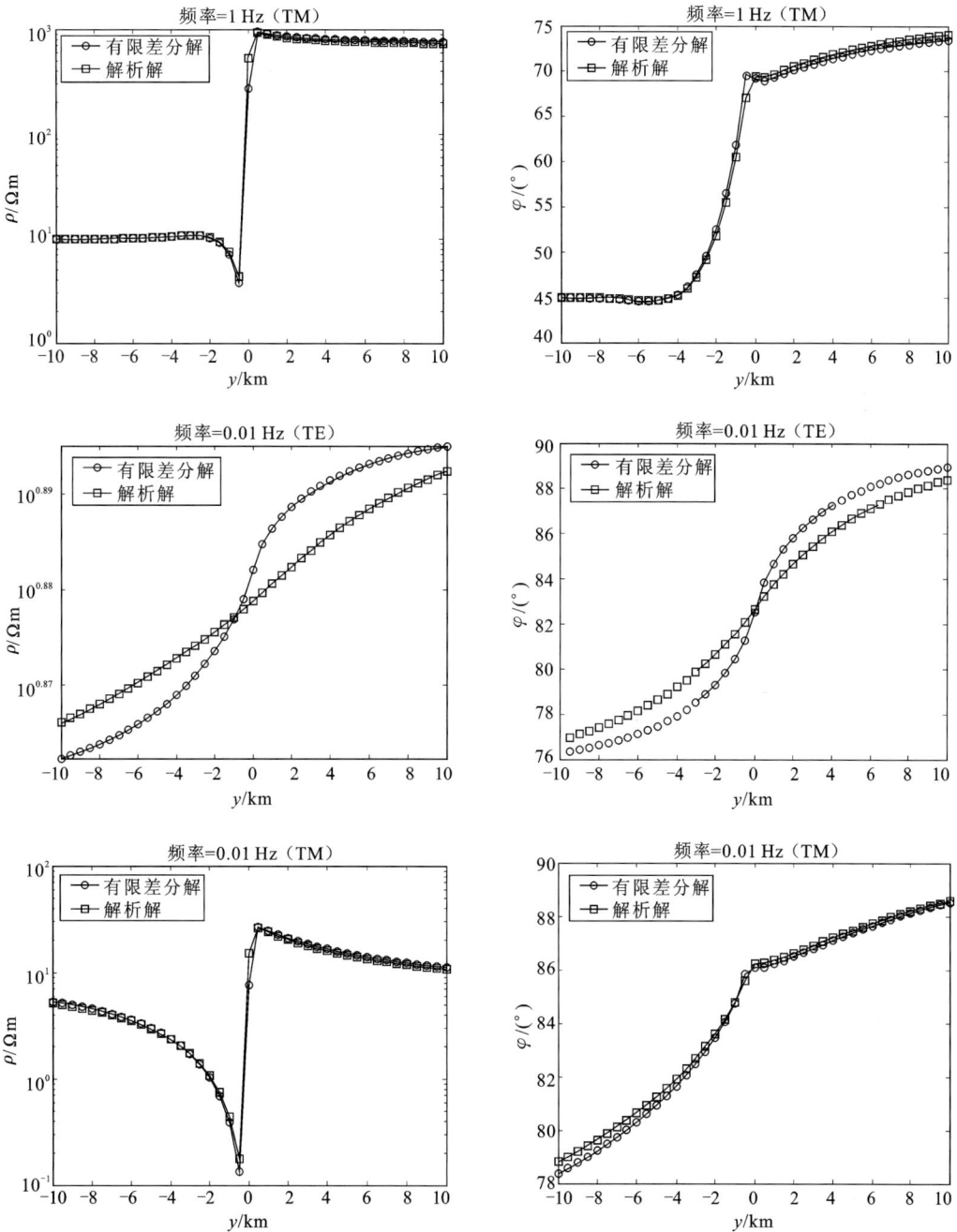

图 3.9　垂直断层基底电阻率趋于 0 模型的有限差分解与解析解结果对比：视电阻率(左)和相位(右)(续)

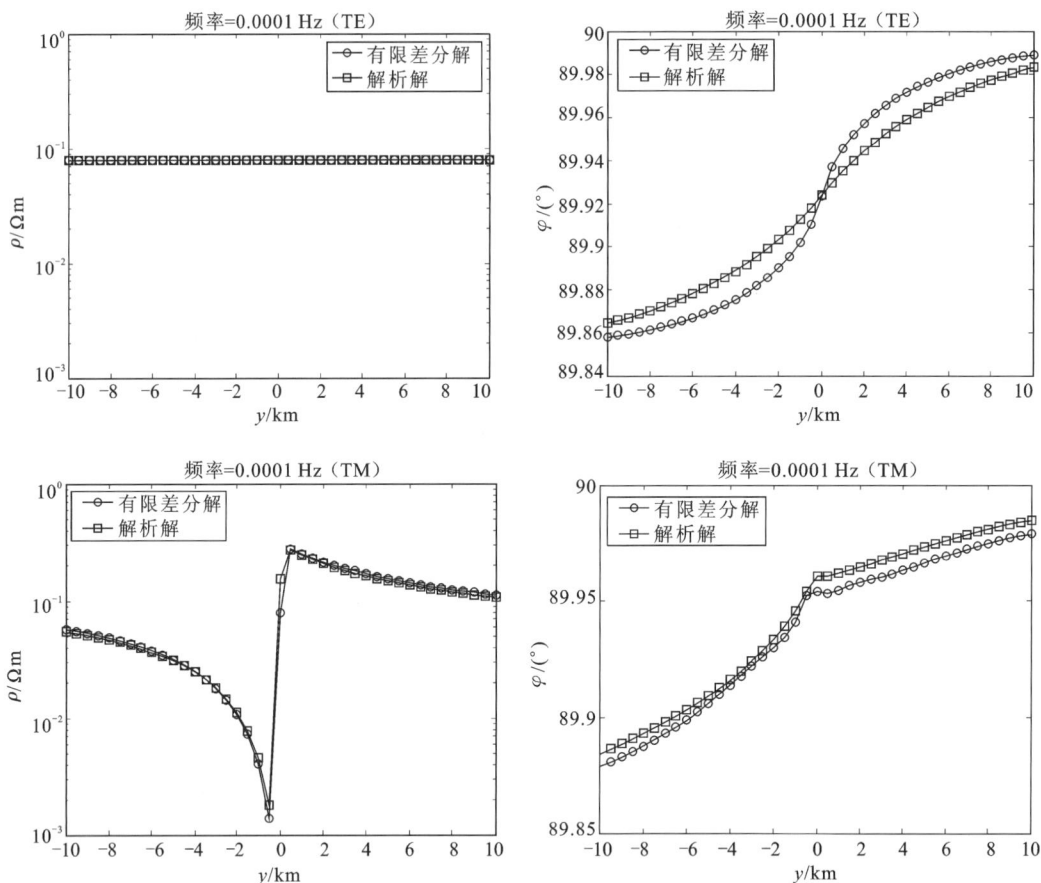

图 3.9   垂直断层基底电阻率趋于 0 模型的有限差分解与解析解结果对比:视电阻率(左)和相位(右)(续)

3.4.3   高低阻双棱柱体模型

模型三为在均匀半空间中分别嵌入一个相对高阻和一个相对低阻两个棱柱体异常,二者形状、尺寸与埋深均一致,如图 3.10 所示。对该模型正演得到了 $10^{-4} \sim 10^{2}$ Hz 按对数等间隔分布的 61 个频率、点距为 1 000 m 的 61 个测点的响应。两种模式的视电阻率和相位拟断面图分别如图 3.11 和 3.12 所示。可以看出,正演响应中的高、低阻异常均很明显;TM 模式高阻异常值明显比 TE 模式更接近真电阻率值;在已使用的频率范围内,TE 视电阻率似乎已能反映到异常体以下的均匀半空间,而 TM 模式最低频率的值仍大受异常体的影响,横向的不均匀性非常明显;TM 相位异常似乎与真实模型对应得很好。由这种正演拟断面图中两种模式的差异易得出,TE 模式纵向分辨率较高而 TM 模式横向分辨率较高。但研究也同时认为,分辨率问题仍需根据具体情况来判断。

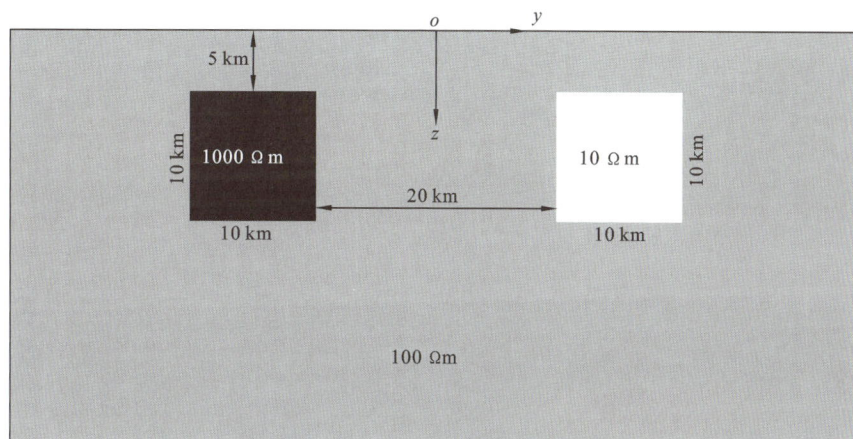

图 3.10   高低阻双棱柱体模型

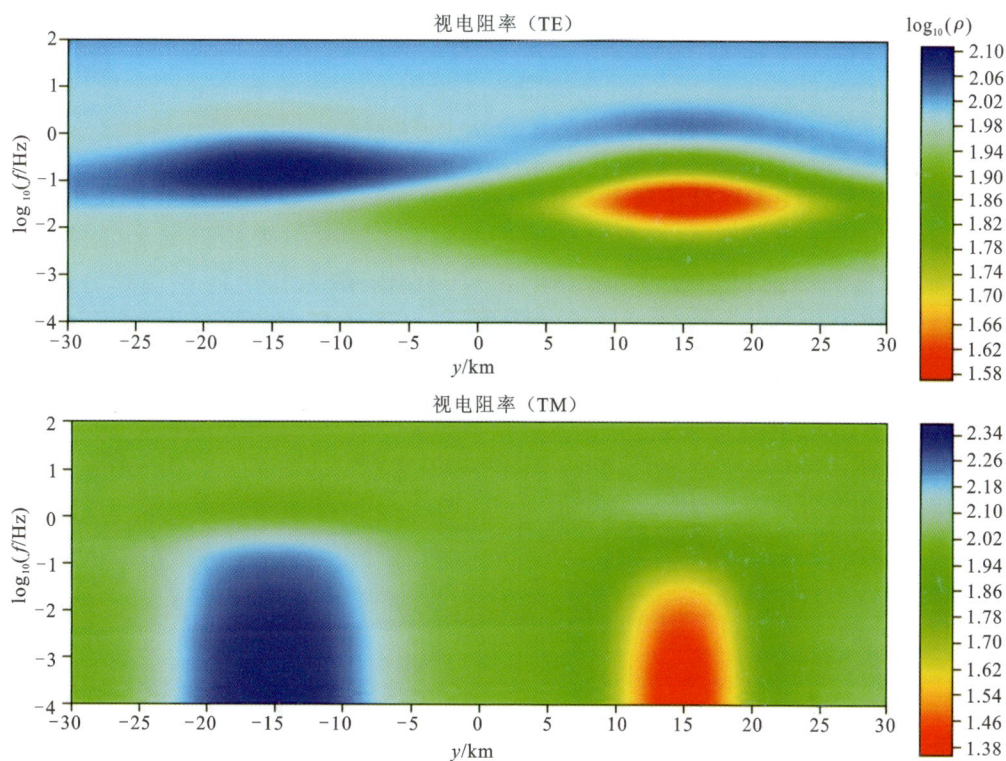

图 3.11   双棱柱体模型视电阻率拟断面图

为了进一步验证有限差分解的精度,还使用了 Wannamaker 等人(1987)

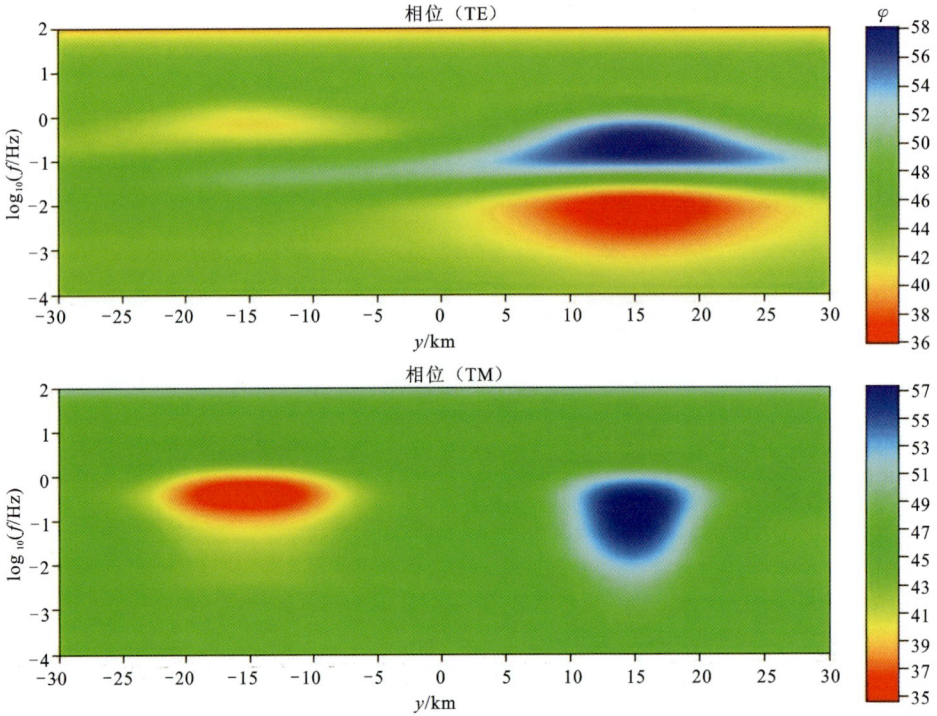

图 3.12　双棱柱体模型相位拟断面图

开发的有限元程序 PW2DI 对上述模型进行正演。PW2DI 由于其优良的性能
成为国际上公认的经典 MT 二维正演程序，不仅常被用来验证其他二维甚至
三维程序，也为诸多反演算法（如 Occam）所利用，作为其中的正演核心部分。
这里给出了 0.001～1 Hz 中 4 个频率响应的对比结果，如图 3.13 所示。可以
看出二者拟合非常好，说明了有限差分计算结果是准确可靠的。

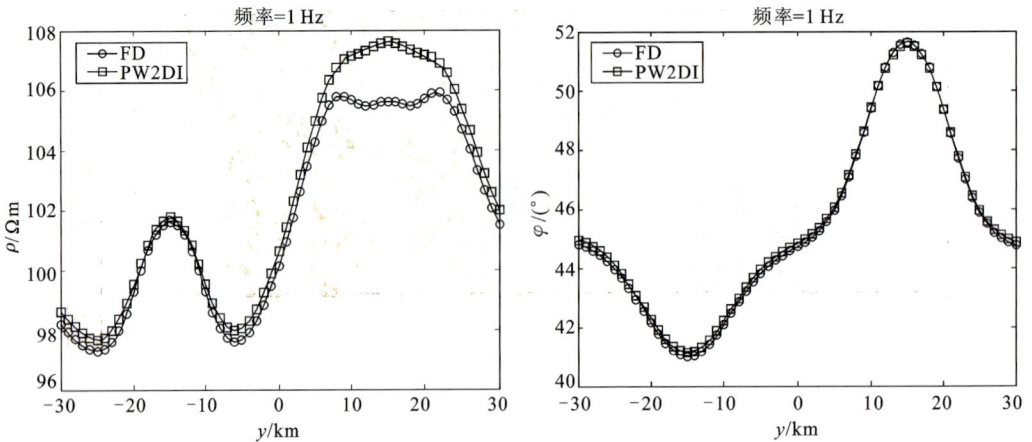

图 3.13　有限差分解与 PW2DI 解视电阻率（左）与相位（右）对比

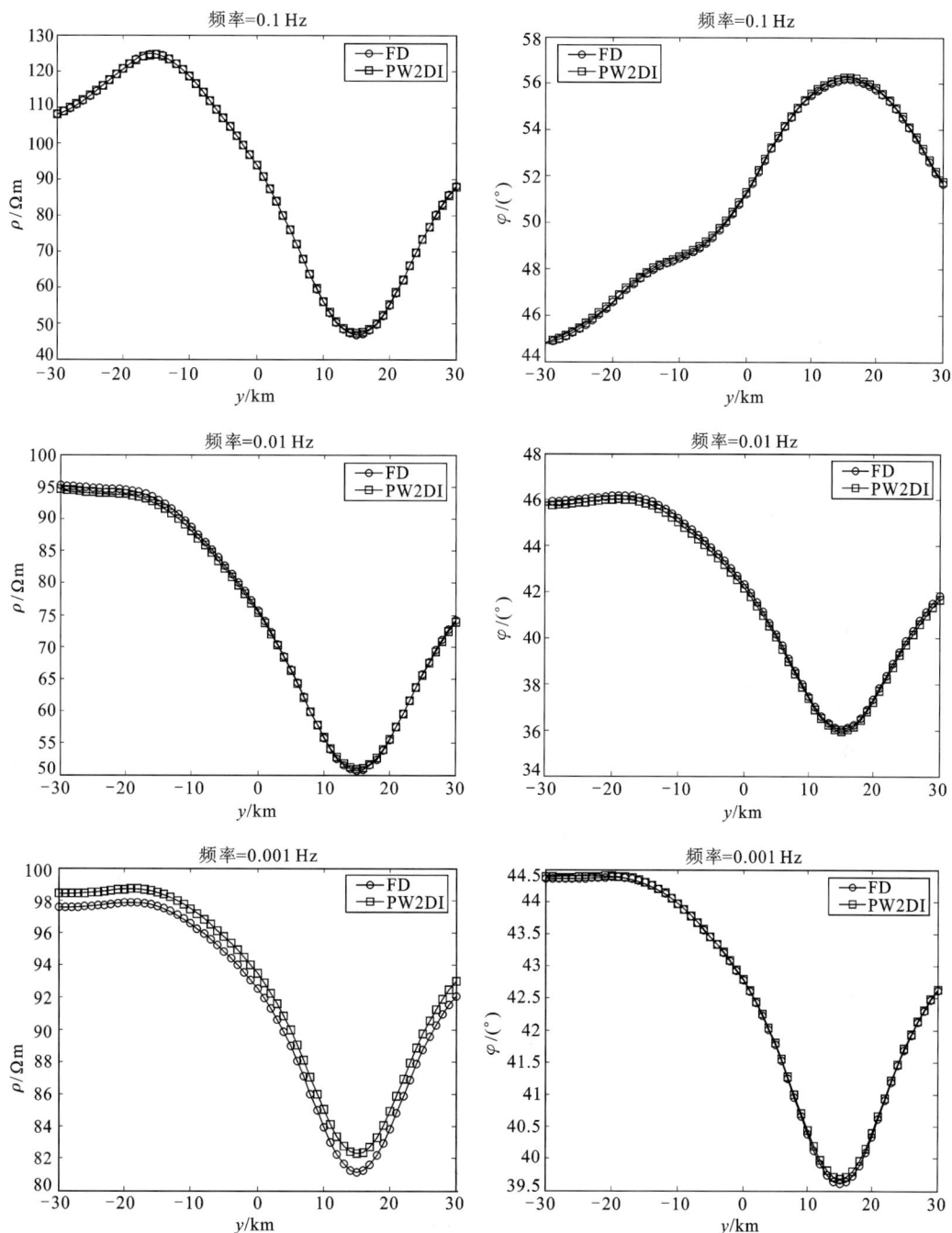

（a）TE模式

图 3.13 有限差分解与 PW2DI 解视电阻率（左）与相位（右）对比（续）

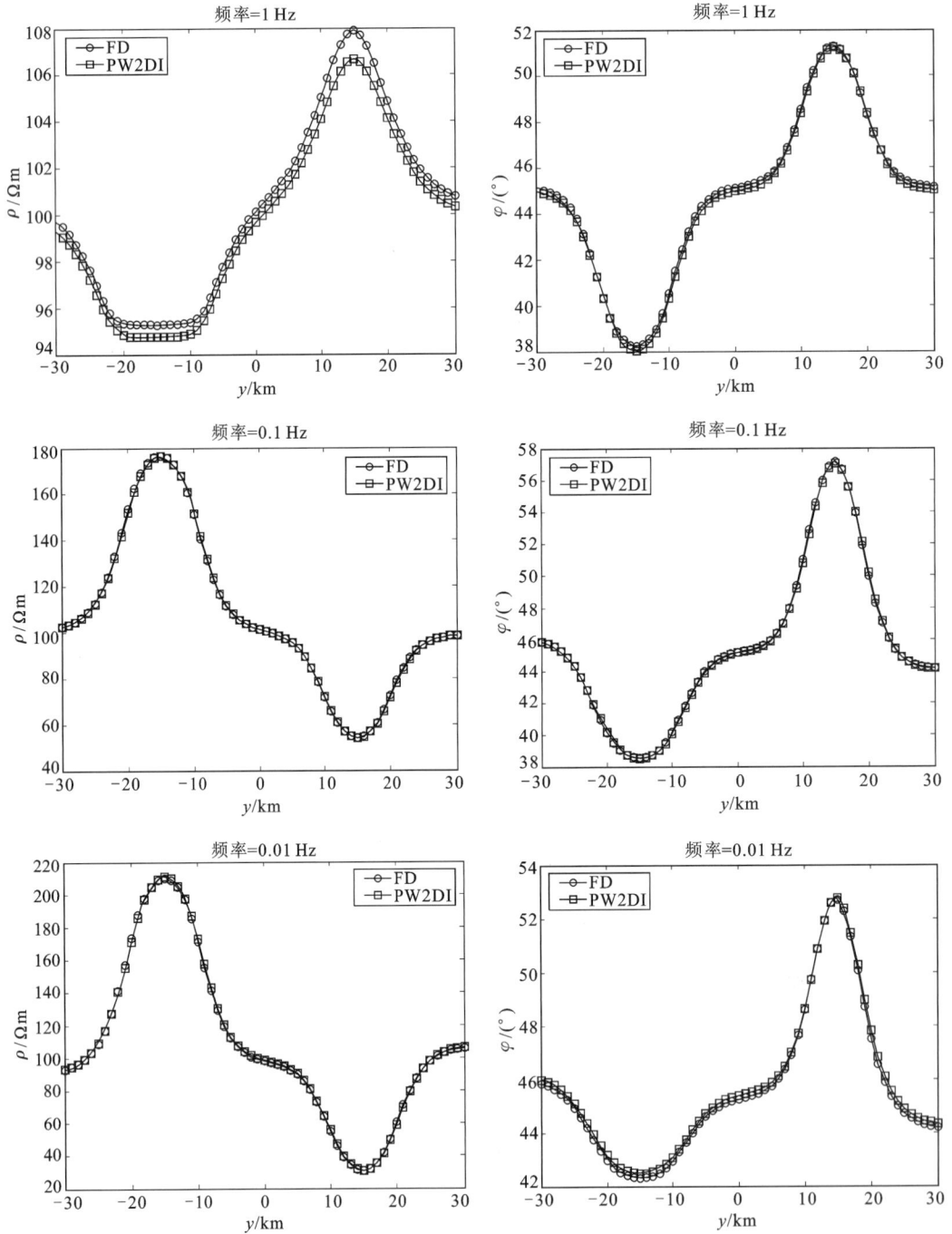

图 3.13　有限差分解与 PW2DI 解视电阻率（左）与相位（右）对比（续）

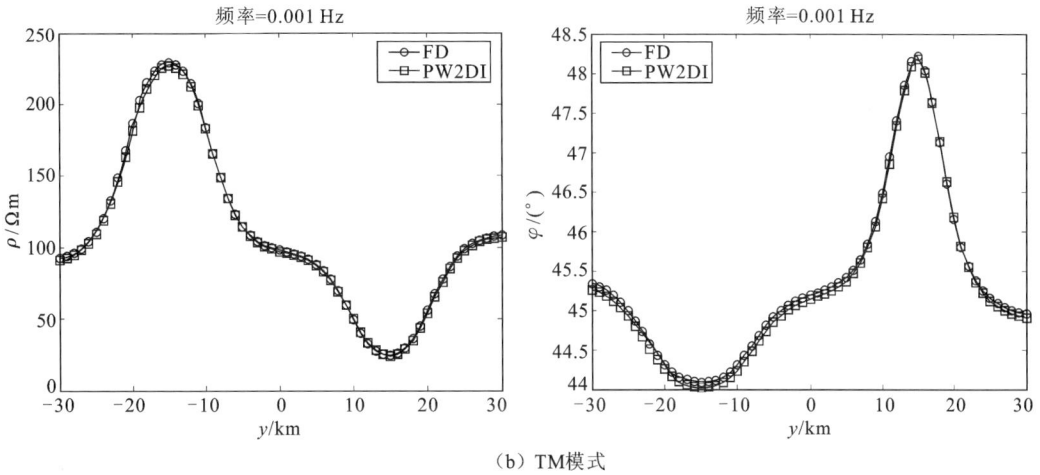

（b）TM模式

图 3.13 有限差分解与 PW2DI 解视电阻率(左)与相位(右)对比(续)

3.4.4 地堑模型

模型四为一模拟地堑构造的模型,如图 3.14 所示。对该模型正演得到了 $10^{-3}\sim10^{2}$ Hz 按对数等间隔分布的 51 个频率、点距为 500 m 的 33 个测点的响应。两种模式的视电阻率和相位拟断面图分别如图 3.15 和图 3.16 所示。可以看出,正演拟断面图的对称性与真实模型对应得很好;在已使用的频率范围内,TE 视电阻率似乎已经能反映到基底的均匀半空间,而 TM 最低频的视电阻率仍明显受浅部低阻凹陷的影响,其异常范围在横向上与真实模型对应较好;对比视电阻率图和相位图发现,依然是高阻异常对应低相位异常。

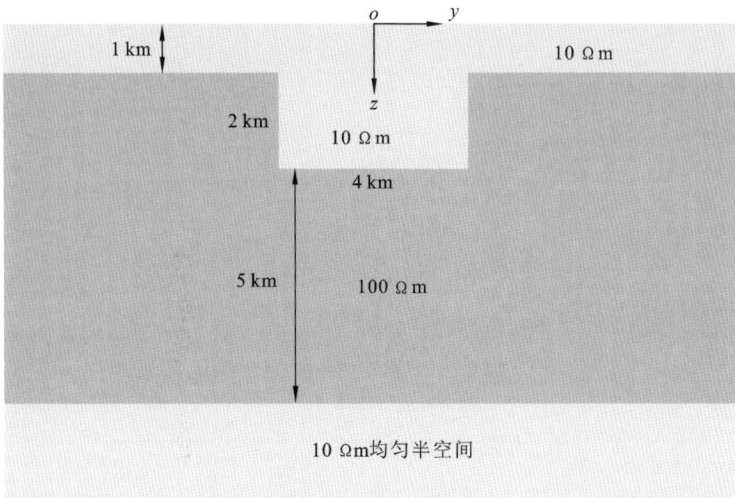

图 3.14 地堑模型

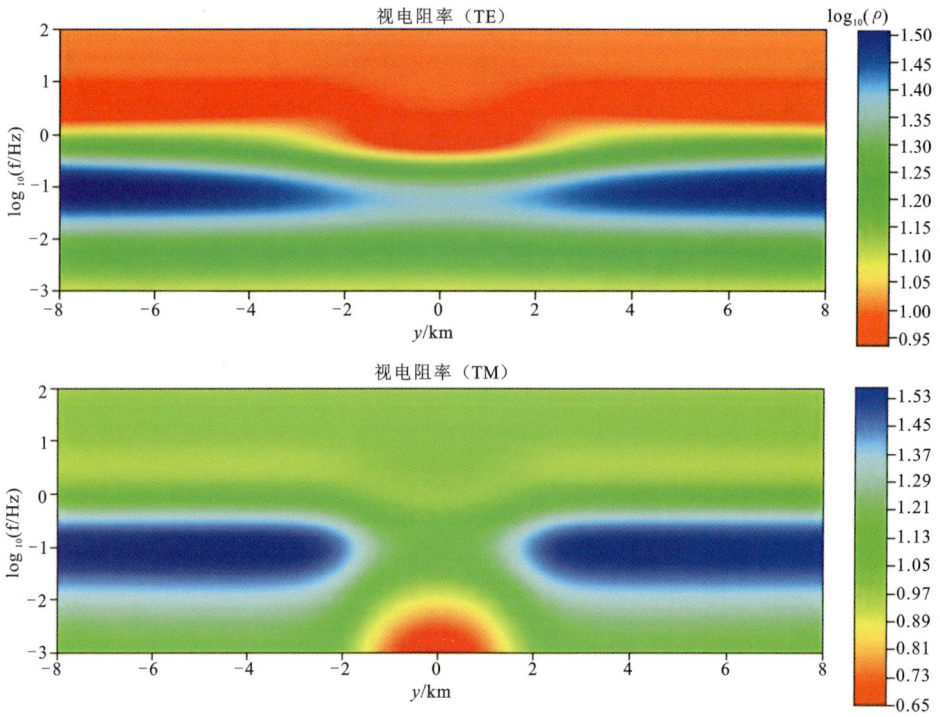

图 3.15   地堑模型视电阻率拟断面图

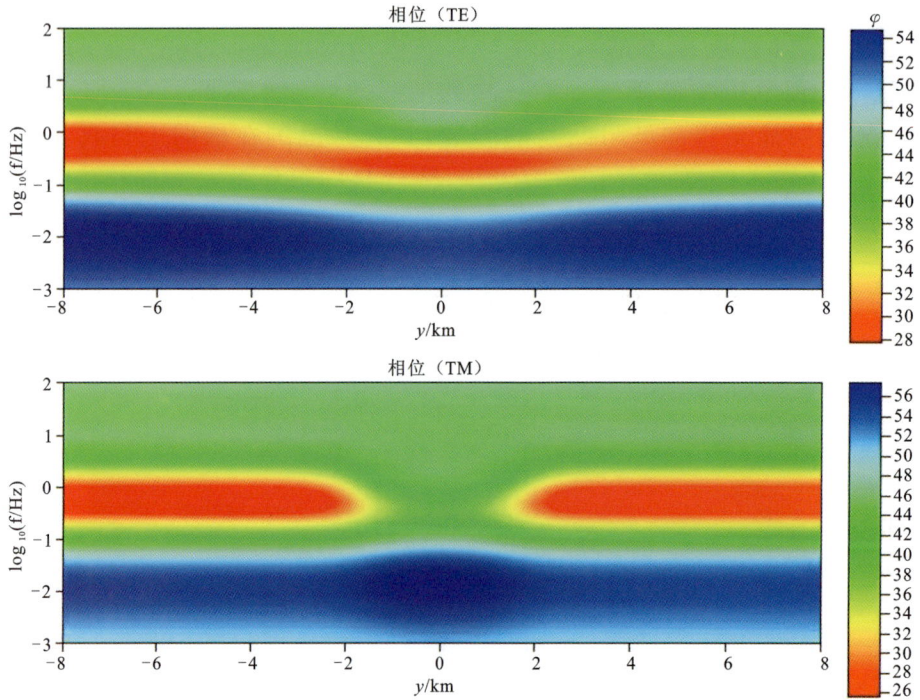

图 3.16   地堑模型相位拟断面图

　　有限差分与 PW2DI 正演结果对比如图 3.17 所示，可以看出二者非常吻合，再次说明了有限差分法有很高的计算精度。

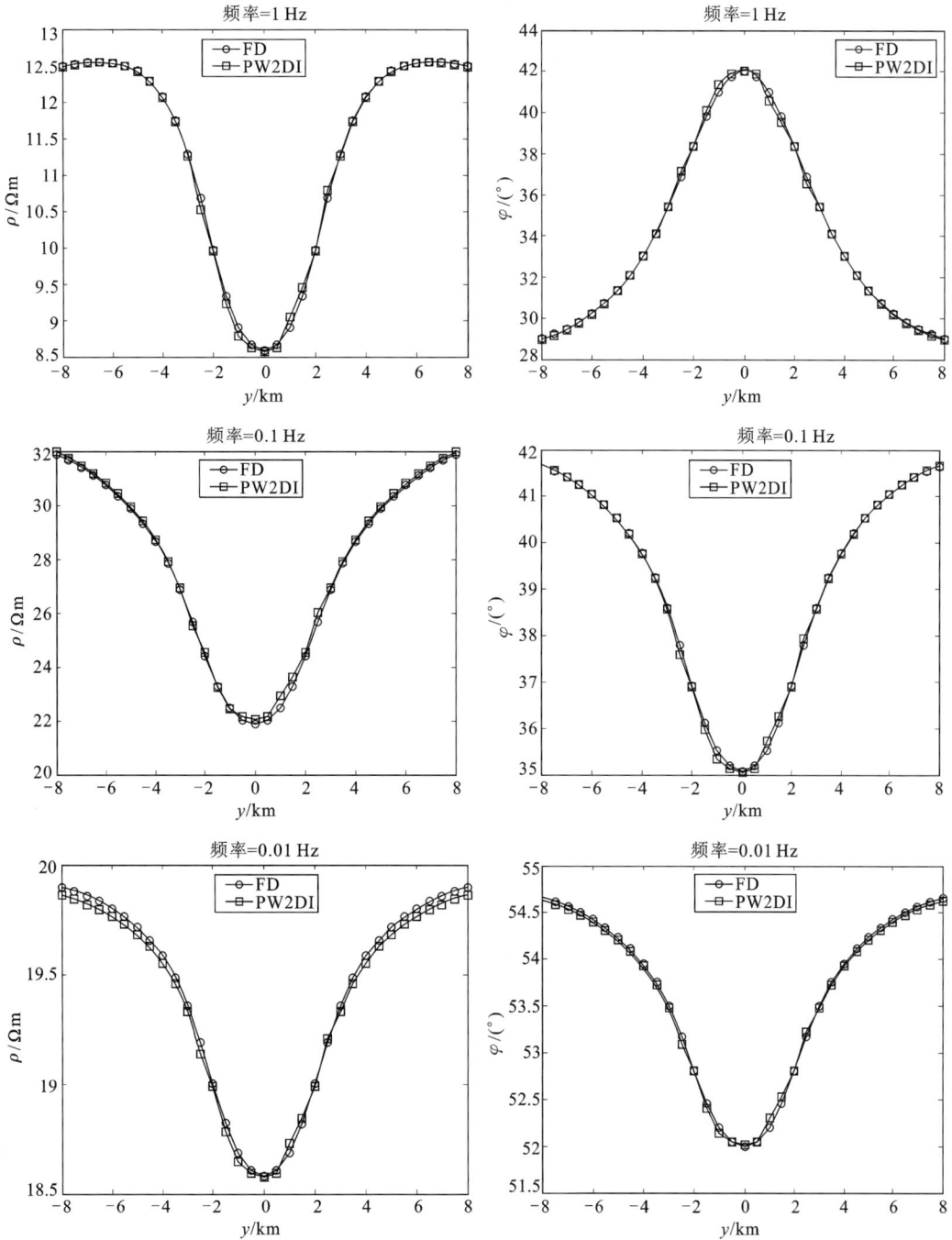

图 3.17　有限差分解与 PW2DI 解视电阻率(左)与相位(右)对比

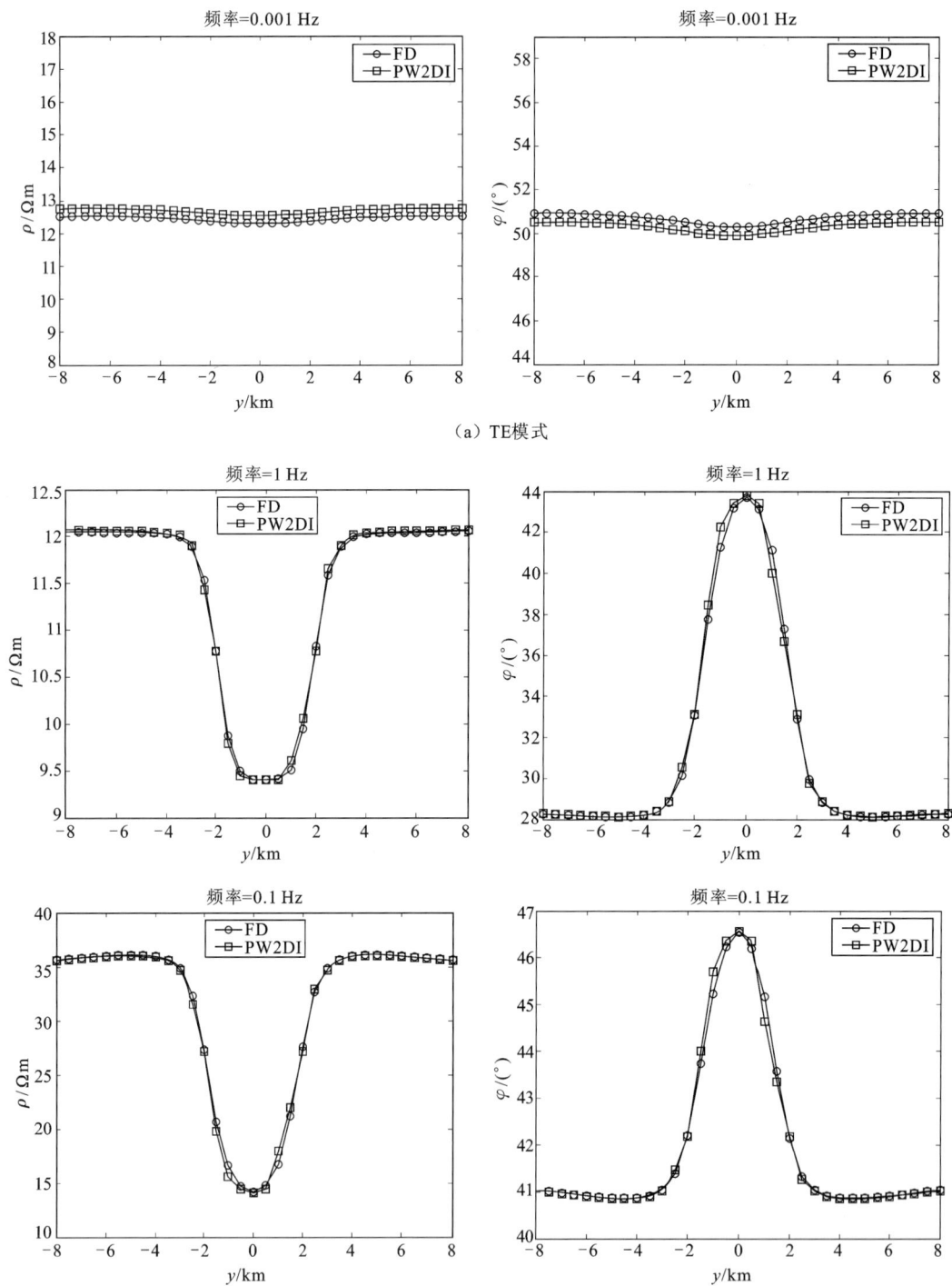

图 3.17　有限差分解与 PW2DI 解视电阻率(左)与相位(右)对比(续)

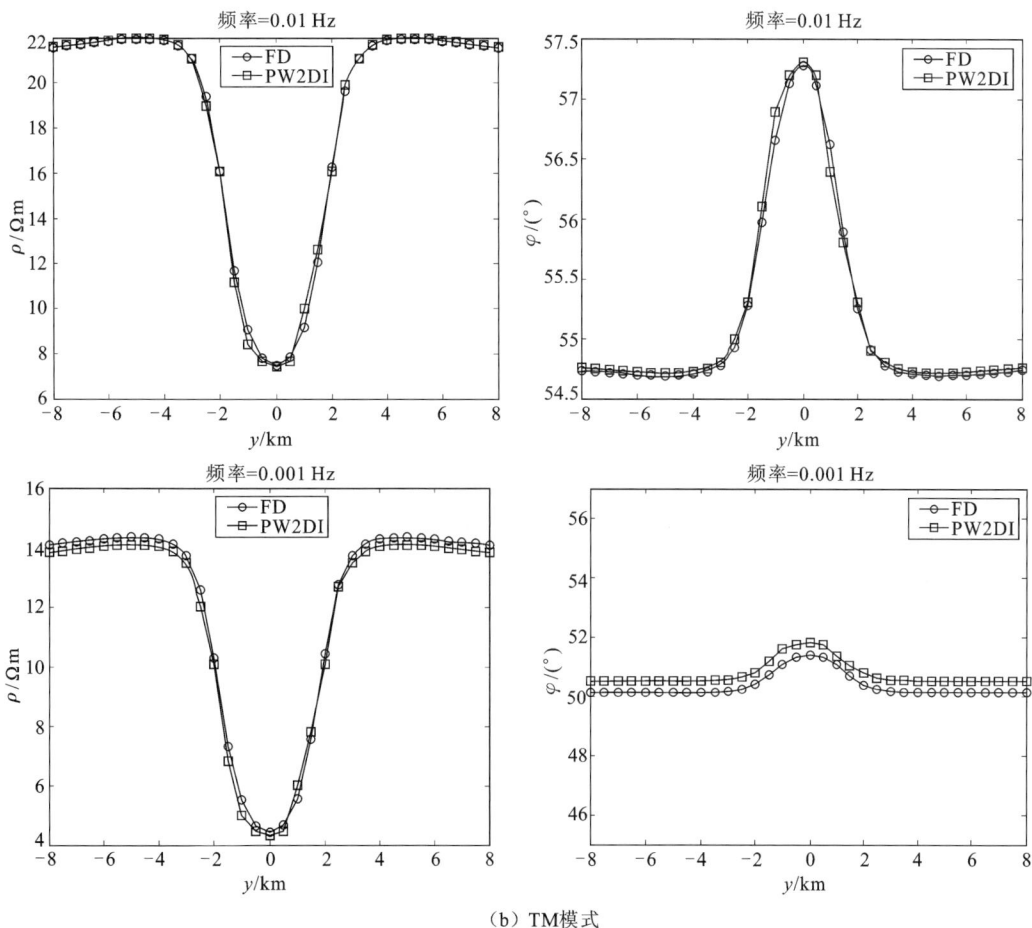

图 3.17 有限差分解与 PW2DI 解视电阻率(左)与相位(右)对比(续)

3.5 大地电磁法的反演方法

3.5.1 目标函数

在地球物理反演中,最明显的一个目标是要满足数据拟合的要求,即由反演模型计算的预测数据与实测数据之间要有一定的相似程度。预测数据与实测数据的拟合差一般可表示为

$$\varphi_d = \| \boldsymbol{W}_d [\boldsymbol{d} - \boldsymbol{F}(\boldsymbol{m})] \|^2 = \sum_{i=1}^{N_d} \left(\frac{\boldsymbol{d}_i - \boldsymbol{F}_i(\boldsymbol{m})}{\sigma_i} \right)^2 \tag{3.20}$$

其中：d 为 $N_d \times 1$ 的观测数据向量；m 为 $M \times 1$ 的模型参数向量；$F(m)$ 为正演算子；σ_i 为第 i 个数据的标准差。因为实测数据由真实数据和误差两部分组成，需要拟合的是真实数据而非误差，所以不应该追求对观测数据的完全拟合（当然也不可能），拟合应该有一个度，这个度取决于误差水平；实测数据的真实误差是不可能知道的，因此通常假设误差满足某种统计规律，比如高斯分布并相互独立，那么 φ_d 服从自由度为 N_d（数据个数）的 χ^2 分布，其期望为 N_d，因此希望 $\varphi_d \rightarrow N_d$。

真实地质体的物理性质在空间上是连续的，即模型参数理论上有无穷多个，而观测数据是有限的，所以地球物理反演本质上是欠定的。一般使用有限离散向量来近似描述地下模型，这样在观测数据足够多时反演有可能转化为超定问题。但无论如何，由于观测误差的存在，单纯满足数据拟合条件的模型一般不是唯一的，如何从中选取最真实的解？此时需要使用其他准则来约束，比如各种各样的先验信息，比如区域地质资料、钻孔资料等。此外，还可以考虑一种广义的先验信息。定义模型范数

$$\varphi_m = \| W_m (m - m_r) \|^2 \qquad (3.21)$$

其中：m_r 为参考模型（包含先验信息）。式（3.21）是模型范数的一种普遍形式，不同的 W_m 定义着不同的 φ_m，常见的例如取 W_m 为简单的差分矩阵来定义模型的粗糙度。

通常以模型范数的大小来衡量"模型结构"的多与少：大模型（指模型范数）包含有更多的模型结构，即模型复杂；小模型则含有较少的模型结构，模型简单。一般认为最简单模型保留了真实模型的最基本特征，因此为了改善反演问题的非唯一性，往往将"最少结构模型"作为选取最优解的准则，即令 $\varphi_m \rightarrow \min$。

根据以上分析，反演有两个目标：一是将数据拟合到一定程度，二是寻找"最简单"模型。结合这两部分来构建正则化目标函数：

$$\varphi = \varphi_d + \lambda \varphi_m = \| W_d [d - F(m)] \|^2 + \lambda \| W_m (m - m_r) \|^2 \qquad (3.22)$$

其中：模型范数项 $\lambda \varphi_m$ 为正则化稳定项，它可以有效改善反演问题的不适定性；λ 称为正则化参数，在 φ_d 与 φ_m 之间起平衡作用：λ 很大，则强调模型范数的极小化而忽视数据的拟合，使得模型很简单而拟合差很大；λ 很小，则强调数据拟合而忽视模型范数的极小化，使得拟合差很小而模型很复杂。

3.5.2 最优化方法

地球物理反演最终要解决目标函数的最优化问题。数值优化算法多种多样，而如今在电磁数据的反演中，线搜索类方法占据了主流。线搜索方法

基本过程是：①确定一个搜索方向向量 p_k；②确定沿该方向最优的"行走距离"，即步长 α_k；③根据搜索方向和步长来更新模型：

$$m_{k+1}=m_k+\alpha_k\,p_k \tag{3.23}$$

搜索方向一般是基于对高度非线性的目标函数的简化、近似得到的，因此线搜索过程必须多次重复、迭代进行才有可能找到目标函数的极值。尽管目前电磁反演算法种类繁多，但如果从数值优化的角度，根据搜索方向的不同，可以将主流的电磁反演方法划分为三大类：高斯-牛顿法，非线性共轭梯度法和拟牛顿法。

1. 高斯-牛顿类方法

高斯-牛顿（Gauss-Newton，GN）法是一个大类，包含多个变种方法，可能是目前电磁法反演中应用最广泛的方法。GN 是在牛顿法的基础上发展而来的。牛顿法将待优化的目标函数近似为二次函数，即取目标函数在某已知点 m_k 处的二阶泰勒展开式

$$\varphi(m_k+p_k)\approx\varphi_k+p_k^{\mathrm{T}}\,g_k+\frac{1}{2}p_k^{\mathrm{T}}\,H_k\,g_k \tag{3.24}$$

其中：$\varphi_k=\varphi(m_k)$；$g_k=g(m_k)$；p_k 为模型搜索方向；g_k 和 H_k 分别为目标函数在 m_k 处的梯度向量和 Hessian 矩阵。为了寻找每一步迭代中极小化目标函数的搜索方向，令 $\partial\varphi/\partial p_k=0$，可得牛顿法的搜索方向

$$p_k=-H_k^{-1}\,g_k \tag{3.25}$$

因此牛顿法的模型更新方式为

$$m_{k+1}=m_k-H_k^{-1}\,g_k \tag{3.26}$$

由以上过程不难推断，牛顿法具有二次收敛性，即对于二次目标函数，牛顿法只需一步便能获得最优解。然而，电磁反演的目标函数一般是高度非线性的，其精确的泰勒展开式远高于二次，因此牛顿法的搜索过程也必须多次重复才有可能找到目标函数的极值。一般情况下，目标函数越靠近局部极值其性质越趋近于二次函数，因此牛顿法在局部极值附近往往能够快速收敛。

然而，沿牛顿方向搜索的每一步迭代都需要计算目标函数关于模型参数的二阶导数，即 Hessian 矩阵 H_k，并求其逆，对于电磁法的高维反演问题而言，其计算量是极其庞大的。为了应对这个问题，很多牛顿法的简化版应运而生，GN 法便是其中一种，其核心思想是将非线性的正演函数 $F(m)$ 线性化，即取 $F(m)$ 在已知点 m_k 处一阶泰勒展开式

$$F(m_{k+1})=F(m_k)+J_k(m_{k+1}-m_k) \tag{3.27}$$

其中：$J_k=J(m_k)$，为正演函数关于模型参数的一阶导数。在这种近似条件

下,对目标函数(3.22)求导,其梯度向量与 Hessian 矩阵为

$$g_k = \frac{\partial \varphi}{\partial m} = -2\, J_k^{\mathrm{T}} W_d^{\mathrm{T}} W_d\, (d - F(m_k)) + 2\lambda\, W_m^{\mathrm{T}} W_m\, (m_k - m_r) \qquad (3.28)$$

$$H_k = \frac{\partial^2 \varphi}{\partial m^2} = 2\, J_k^{\mathrm{T}} W_d^{\mathrm{T}} W_d\, J_k + 2\lambda\, W_m^{\mathrm{T}} W_m \qquad (3.29)$$

可以看出,梯度向量并没有受近似条件(3.27)的影响,依然是精确的;而 Hessian 则由于(3.27)这种近似,丢掉了 $F(m)$ 的二阶导数项,是非精确的。 因为计算精确 Hessian 时,其中最难求取的部分便是 $F(m)$ 的二阶导数,所以 GN 法的这种近似与牛顿法相比计算量大大减小。 目标函数是关于 $F(m)$ 的二次函数,因此 $F(m)$ 的线性化意味着目标函数被二次化,所以 GN 也属于牛顿法的范畴,其模型更新方式为

$$
\begin{aligned}
m_{k+1} &= m_k - H_k^{-1} g_k \\
&= m_k + (J_k^{\mathrm{T}} C_d^{-1} J_k + \lambda C_m^{-1})^{-1} [J_k^{\mathrm{T}} C_d^{-1} (d - F(m_k)) - \lambda C_m^{-1} (m_k - m_r)]
\end{aligned}
\qquad (3.30)
$$

其中:$C_d^{-1} = W_d^{\mathrm{T}} W_d$,$C_m^{-1} = W_m^{\mathrm{T}} W_m$,分别可看作数据和模型的协方差。 式(3.30)便是标准 GN 法的正规方程(normal equation),基于该方程产生了一系列 GN 法的变种,著名的 Occam 反演便是其中之一,对式(3.30)进行简单的转换后可重写为

$$m_{k+1} - m_r = (J_k^{\mathrm{T}} C_d^{-1} J_k + \lambda C_m^{-1})^{-1} J_k^{\mathrm{T}} C_d^{-1} [d - F(m_k) + J_k (m_k - m_r)] \qquad (3.31)$$

单次求解式(3.30)和式(3.31)的结果是完全相同的,而写成式(3.31)的形式是为了更好地体现 Occam 反演相对于标准 GN 法的独到之处,即并不是简单地每解一次正规方程便更新一次模型,而是对于同一个正规方程,使用多个不同正则化参数 λ 来求解,得到多个候选模型,然后从中选取最佳模型。 在反演的前期,数据拟合差一般较大,此时从这些模型中选择最小拟合差模型,而在反演的后期一旦数据拟合差降到了目标值以下,就从中选择最小范数模型(通常是使用较大 λ 值获得的模型)。 Occam 这种策略的实质是将 λ 作为线搜索中的一个变量来控制线搜索的过程,使得反演非常稳定,不容易发散,往往能在很小的迭代次数以内达到收敛。

从式(3.30)和式(3.31)中可以看出,无论是标准的 GN 法还是经典的 Occam 反演,每一次迭代都需要求解 $M \times M$(M 为模型参数个数)矩阵的逆 $(J_k^{\mathrm{T}} C_d^{-1} J_k + \lambda C_m^{-1})^{-1}$。 在高维反演问题中,$M$ 一般非常大(上百万都很正常),使得这种求解变得非常困难。 可对式(3.30)或式(3.31)进一步转换,以式(3.31)为例,对其实施以下数学变换:

$$
\begin{aligned}
m_{k+1} - m_r &= (J_k^{\mathrm{T}} C_d^{-1} J_k + \lambda C_m^{-1})^{-1} J_k^{\mathrm{T}} C_d^{-1} [d - F(m_k) + J_k (m_k - m_r)] \\
&= C_m (J_k^{\mathrm{T}} C_d^{-1} J_k C_m + \lambda I)^{-1} (J_k^{-\mathrm{T}})^{-1} C_d^{-1} [d - F(m_k) + J_k (m_k - m_r)] \quad (3.32) \\
&= C_m J_k^{\mathrm{T}} (J_k C_m J_k^{\mathrm{T}} + \lambda C_d)^{-1} [d - F(m_k) + J_k (m_k - m_r)]
\end{aligned}
$$

以上变换过程中未作任何近似,因此解式(3.32)与解式(3.31)是等价

的。然而,式(3.32)中需要求的是 $N_d \times N_d$ 矩阵的逆 $(\boldsymbol{J}_k \boldsymbol{C}_m \boldsymbol{J}_k^{\mathrm{T}} + \lambda \boldsymbol{C}_d)^{-1}$,而非求本来的 $M \times M$ 矩阵的逆,相当于搜索空间由模型空间转换到了数据空间,因此求解式(3.30)或式(3.31)与求解式(3.32)来获得模型更新的方法分别被称为模型空间方法和数据空间方法。模型空间方法的计算量主要取决于模型参数个数 M,而数据空间方法的计算量主要取决于数据个数 N_d。对于三维反演问题,地下模型被三维离散化,M 一般远大于 N_d,此时使用数据空间方法能显著减少计算量。

　　进一步观察方程(3.30)～方程(3.32),可以看出,无论是模型空间 GN 法还是数据空间 GN 法,都需要求一个大型方阵的逆与一个向量的乘积 $\boldsymbol{A}^{-1} \boldsymbol{b}$,相当于求解线性方程 $\boldsymbol{Ax} = \boldsymbol{b}$,且 $\boldsymbol{A}$ 为对称矩阵,因此可选择使用对 $\boldsymbol{A}$ 进行三角分解的直接解法,亦可使用迭代解法如共轭梯度法来逐步逼近方程的真实解。正如第二章中所阐述的,当 $\boldsymbol{A}$ 的尺寸非常庞大时,使用迭代解法能避免过大的内存需求,且有可能获得更快的计算速度。

2. 非线性共轭梯度法

　　共轭梯度法是用来求解形如 $\boldsymbol{Ax} = \boldsymbol{b}$ 的大型线性方程的一种迭代方法,其中 $\boldsymbol{A}$ 为对称正定矩阵。解这种方程等价于求二次函数

$$\varphi(\boldsymbol{x}) = \frac{1}{2} \boldsymbol{x}^{\mathrm{T}} \boldsymbol{Ax} - \boldsymbol{b}^{\mathrm{T}} \boldsymbol{x} \tag{3.33}$$

的极值。反演目标函数远比上式复杂,即使经过以上牛顿法或 GN 法中的二次化,也不具备式(3.33)的形式。即便如此,Fletcher 和 Reeves 首先提出了非线性共轭梯度法(nonlinear-conjugate gradient,NLCG),利用 CG 迭代技术直接对目标函数进行最优化,而不对目标函数做任何近似。与线性 CG 迭代一样,NLCG 的搜索方向由待优化函数的梯度来构建

$$\begin{cases} \boldsymbol{p}_0 = -\boldsymbol{g}_0 \\ \boldsymbol{p}_k = -\boldsymbol{g}_k + \beta_k \boldsymbol{p}_{k-1} \end{cases} \tag{3.34}$$

　　线性 CG 中标量 β_k 的选取要保证当前搜索方向 $\boldsymbol{p}_k$ 和前一次搜索方向 $\boldsymbol{p}_{k-1}$ 关于原线性方程的矩阵 $\boldsymbol{A}$ 共轭,而对于 NLCG,本身不存在矩阵 $\boldsymbol{A}$,因此也不必满足这个要求,但 β_k 的计算方式可与线性 CG 中相近,比如 Fletcher-Reeves 公式

$$\beta_k^{FR} = \frac{\boldsymbol{g}_k^{\mathrm{T}} \boldsymbol{g}_k}{\boldsymbol{g}_{k-1}^{\mathrm{T}} \boldsymbol{g}_{k-1}} \tag{3.35}$$

便是与标准的线性 CG 中的计算方式相同。还可使用 Polak-Ribiere 公式计算 β_k,即

$$\beta_k^{PR} = \frac{\boldsymbol{g}_k^{\mathrm{T}} (\boldsymbol{g}_k - \boldsymbol{g}_{k-1})}{\boldsymbol{g}_{k-1}^{\mathrm{T}} \boldsymbol{g}_{k-1}} \tag{3.36}$$

实践证明，对于一般的非线性目标函数，PR 公式往往比 FR 公式更加稳定、高效。

构建出 NLCG 的搜索方向之后，按式(3.23)的方式来更新模型。对于步长 α_k 的选取，若将当前迭代的目标函数看成是 α_k 的一元函数，即 $\varphi(\alpha_k) = \varphi(\boldsymbol{m}_k + \alpha_k \boldsymbol{p}_k)$，则理想的 α_k 是一个使得 $\varphi(\alpha_k)$ 取得极小值的数值。线性 CG 中很容易给出每一步的理想步长的解析表达式，而 NLCG 中则无法显式地给出其表达式，只能进行一维搜索。精确的一维搜索往往需要计算目标函数值很多次，因此一般使用非精确一维搜索，获得一个步长使得目标函数满足一定的条件（如充分下降）即可，典型的如 Wolfe 条件，其分别包含一个"充分下降"条件和一个曲率条件：

$$\begin{cases} \varphi_k \leqslant \varphi_{k-1} + c_1 \alpha_{k-1} \boldsymbol{g}_{k-1}^{\mathrm{T}} \boldsymbol{p}_{k-1} \\ \boldsymbol{g}_k^{\mathrm{T}} \boldsymbol{p}_{k-1} \geqslant c_2 \boldsymbol{g}_{k-1}^{\mathrm{T}} \boldsymbol{p}_{k-1} \end{cases} \tag{3.37}$$

与牛顿法和 GN 法相比，NLCG 虽然没有对目标函数做任何近似以减少计算量，但却不用计算 Hessian 矩阵，而只需计算目标函数的梯度，使得单次 NLCG 迭代的计算量远小于单次 GN 迭代。

3. 拟牛顿法

除了 NLCG，拟牛顿法（quasi-Newton，QN）是另外一种直接对目标函数进行优化的方法。QN 法使用一个对称正定矩阵 $\boldsymbol{B}_k$ 来代替牛顿搜索方向式(3.25)中的 Hessian 矩阵 $\boldsymbol{H}_k$：

$$\boldsymbol{p}_k = -\boldsymbol{B}_k^{-1} \boldsymbol{g}_k \tag{3.38}$$

为了使每一步的 $\boldsymbol{B}$ 合理地逼近 Hessian 矩阵，要求其满足割线方程

$$\boldsymbol{B}_{k+1} \boldsymbol{s}_k = \boldsymbol{y}_k \tag{3.39}$$

其中：$\boldsymbol{s}_k = \boldsymbol{m}_{k+1} - \boldsymbol{m}_k$；$\boldsymbol{y}_k = \boldsymbol{g}_{k+1} - \boldsymbol{g}_k$。满足以上方程的 $\boldsymbol{B}_{k+1}$ 并不是唯一的，为了唯一决定 $\boldsymbol{B}_{k+1}$，一种合理的要求是使其与前一次的矩阵 $\boldsymbol{B}_k$ 尽可能接近，即同时求解以下问题：

$$\min_{\boldsymbol{B}} \| \boldsymbol{B} - \boldsymbol{B}_k \| \tag{3.40}$$

不同的范数定义导致不同的拟牛顿方法。最常用的是加权 Frobenius 范数，则得到著名的 DFP 校正公式

$$\boldsymbol{B}_{k+1} = (\boldsymbol{I} - \rho_k \boldsymbol{y}_k \boldsymbol{s}_k^{\mathrm{T}}) \boldsymbol{B}_k (\boldsymbol{I} - \rho_k \boldsymbol{s}_k \boldsymbol{y}_k^{\mathrm{T}}) + \rho_k \boldsymbol{y}_k \boldsymbol{y}_k^{\mathrm{T}} \tag{3.41}$$

其中：标量 $\rho_k = 1 / \boldsymbol{y}_k^{\mathrm{T}} \boldsymbol{s}_k$。尽管 DFP 校正公式被证明非常有效，但很快就被性能更好的 BFGS（Broyden，Fletcher，Goldfarb，and Shanno）公式所取代。若使用矩阵 $\boldsymbol{H}$（不是前面的 Hessian）来扮演上面矩阵 $\boldsymbol{B}$ 的逆矩阵的角色，与式(3.39)对应，$\boldsymbol{H}$ 需满足

$$\boldsymbol{H}_{k+1}\,\boldsymbol{y}_k = \boldsymbol{s}_k \tag{3.42}$$

上式称为拟牛顿方程。与式(3.40)对应,同时求解以下问题:

$$\min_{\boldsymbol{H}} \| \boldsymbol{H} - \boldsymbol{H}_k \| \tag{3.43}$$

还是使用加权 Frobenius 范数,则可得 BFGS 校正公式:

$$\boldsymbol{H}_{k+1} = (\boldsymbol{I} - \rho_k \boldsymbol{s}_k \boldsymbol{y}_k^{\mathrm{T}}) \boldsymbol{H}_k (\boldsymbol{I} - \rho_k \boldsymbol{y}_k \boldsymbol{s}_k^{\mathrm{T}}) + \rho_k \boldsymbol{s}_k \boldsymbol{s}_k^{\mathrm{T}} \tag{3.44}$$

迭代开始前,需人为给定 $\boldsymbol{H}_0$。构建出拟牛顿搜索方向后,步长同样通过非精确的一维搜索来确定。

可以看出,QN 法利用目标函数的梯度相对于模型参数的改变量来代替牛顿法中真实的 Hessian 矩阵,与 NLCG 法一样,只需用计算目标函数的梯度。

随着迭代的进行,多步校正以后产生的矩阵 $\boldsymbol{H}$ 或 $\boldsymbol{B}$ 往往非常稠密(哪怕真实的 Hessian 矩阵是稀疏的),不仅会占据大量的存储空间,对其进行操作也会有很大的计算量。这个问题大大降低了 QN 法解大规模优化问题如电磁法三维反演的可行性。有限内存拟牛顿方法(limited memory Quasi-Newton,LMQN)有可能解决这种困难。LMQN 法只使用最近 n 次(n 在 3 到 20 之间)迭代的信息,即使用向量对 $\{\boldsymbol{s}_i, \boldsymbol{y}_i : i = k-n, \cdots, k-1\}$ 来校正产生 $\boldsymbol{H}$ 或 $\boldsymbol{B}$,而丢掉早期迭代的信息——无需存储之前的 $k-n$ 对向量 $\{\boldsymbol{s}_i, \boldsymbol{y}_i : i = 0, \cdots, k-n-1\}$,从而极大地节约了内存,而且也能获得较好的收敛性。

3.5.3 灵敏度的计算

根据前面的分析,在 GN 类方法中,需要计算目标函数的梯度和 Hessian,而在 NLCG 和 QN 法中,只需计算梯度。根据式(3.28),梯度的计算最关键的部分在于正演算子对模型参数的一阶导数,即正演灵敏度 $\boldsymbol{J}$;而根据式(3.29),在 GN 法的 Hessian 计算中,由于丢掉了正演算子的二阶导数,其最关键的部分同样是 $\boldsymbol{J}$ 的计算。

若使用数值微分技术来求 $\boldsymbol{J}$,则需要进行 $N \times M + 1$ 次正演计算。Rodi(1976)首次提出通过解"拟正演"问题来构建灵敏度矩阵的思想。无论使用有限元还是有限差分解正演问题,最后均得到 Maxwell 方程的离散形式

$$\boldsymbol{K} \boldsymbol{v} = \boldsymbol{f} \tag{3.45}$$

其中:$\boldsymbol{K}$ 为大型、稀疏、对称的系数矩阵;$\boldsymbol{v}$ 表示离散的网格节点处的电磁场;$\boldsymbol{f}$ 表示边界条件。上式对模型参数 $\boldsymbol{m}$ 求导

$$\frac{\partial \boldsymbol{K}}{\partial \boldsymbol{m}} \boldsymbol{v} + \boldsymbol{K} \frac{\partial \boldsymbol{v}}{\partial \boldsymbol{m}} = \frac{\partial \boldsymbol{f}}{\partial \boldsymbol{m}} \tag{3.46}$$

我们需要的是地面测点处的响应 $\boldsymbol{Q}$ 对模型参数的导数,假设 $\boldsymbol{Q}$ 与 $\boldsymbol{v}$ 的关系为

$$\boldsymbol{Q} = \boldsymbol{a}^{\mathrm{T}} \boldsymbol{v} \tag{3.47}$$

其中：a^T 为插值矩阵。式(3.47)对 m 求导

$$\frac{\partial Q}{\partial m} = \frac{\partial a^T}{\partial m} v + a^T \frac{\partial v}{\partial m} \qquad (3.48)$$

将式(3.46)代入式(3.48)中有

$$\frac{\partial Q}{\partial m} = \frac{\partial a^T}{\partial m} v + a^T K^{-1} \left(\frac{\partial f}{\partial m} - \frac{\partial K}{\partial m} v \right) \qquad (3.49)$$

即为灵敏度矩阵 J。可以通过两种不同的途径来构建 J，计算流程分别如图 3.18(a)和图 3.18(b)所示。

逐列构建
1)解正演问题求得 v；
2)外层循环：对 m 的元素 m_j 循环($j = 1, 2, \cdots, M$)；
　　(i) 计算 $x = \frac{\partial f}{\partial m_j} - \frac{\partial K}{\partial m_j} v$；
　　(ii) 解"拟正演"问题 $Ky = x$，求得 $y \left(y = K^{-1} \left(\frac{\partial f}{\partial m_j} - \frac{\partial K}{\partial m_j} v \right) \right)$；
　　(iii) 内层循环：对 a^T 的每一行 a_i^T 循环($i = 1, 2, \cdots, N$)
$$\left(\frac{\partial Q}{\partial m} \right)_{i,j} = \frac{\partial a_i^T}{\partial m_j} v + a_i^T y$$
　　　　结束内层循环；
　　结束外层循环。

(a)逐列构建

逐行构建
1)解正演问题求得 v；
2)外层循环：对 a^T 的每一行 a_i^T 循环($i = 1, 2, \cdots, N$)
　　(i) 解"拟正演"问题 $Ku = a_j$，求得 $u (u^T = a_i^T K^{-1})$；
　　(ii) 内层循环：对 m 的元素 m_j 循环($j = 1, 2, \cdots, M$)；
　　　　计算 $x = \frac{\partial f}{\partial m_j} - \frac{\partial K}{\partial m_j} v$；
$$\left(\frac{\partial Q}{\partial m} \right)_{i,j} = \frac{\partial a_i^T}{\partial m_j} v + u^T x$$
　　　　结束内层循环；
　　结束外层循环。

(b)逐行构建

图 3.18　计算灵敏度矩阵的两种方法

可以看出，所谓"拟正演"问题是指解某个大型线性方程，其系数矩阵与正演问题的系数矩阵完全相同，但右边项不同。第一种方法一列一列地来构建灵敏度矩阵，每计算一列需要解一次拟正演问题(假设一次正演定义为对所有频率和所有模式完成一次正演)，因此总共需要解 M 次拟正演问题；第二种方法则是一行一行地构建 J，每计算一行需要解一次拟正演问题，总共需要解 N 次拟正演问题，这种方法与电磁场的互易性等价(Egbert and Kelbert,

2012；Pankratov and Kuvshinov，2010a，2010b；Chen et al．，2010；De Lugao and Wannamaker，1996；McGillivray et al．，1994）。实际反演问题中，模型参数个数 M 通常大于数据个数 N，特别是在三维情况下 $M \gg N$，因此第二种计算方法比第一种要快得多。

3.5.4　灵敏度矩阵与向量乘积的计算

根据前面对于共轭方法的论述，共轭梯度类方法不需要直接计算 J，而只需计算 J 与某个向量的乘积 Jp 以及其转置与另一个向量的乘积 $J^{\mathrm{T}}q$。事实上，从式（3.28）中可以得出，梯度 g 的表达式中包含的是 J^{T} 与向量 $W_d^{\mathrm{T}}W_d$ $(d-F(m))$ 的乘积，由于不需要目标函数的真实 Hessian 矩阵，拟牛顿法与共轭梯度类方法一样也只需要计算 J 或 J^{T} 与向量的乘积。图 3.19 为计算流程。

Jp 的计算：$Jp = \dfrac{\partial a^{\mathrm{T}}}{\partial m} vp + a^{\mathrm{T}} K^{-1} \left(\dfrac{\partial f}{\partial m} - \dfrac{\partial K}{\partial m} v \right) p$

1）解正演问题求得 v；

2）先求 $\dfrac{\partial f}{\partial m} - \dfrac{\partial K}{\partial m} v$：对 m 的元素 m_j 循环（$j=1,2,\cdots,M$）；

$$\text{计算 } x = \dfrac{\partial f}{\partial m_j} - \dfrac{\partial K}{\partial m_j} v；$$

结束循环；

3）令 $x = \left(\dfrac{\partial f}{\partial m} - \dfrac{\partial K}{\partial m} v \right) p$；

解"拟正演"问题 $Ky=x$，求得 y（$y = K^{-1}\left(\dfrac{\partial f}{\partial m} - \dfrac{\partial K}{\partial m} v \right) p$）；

4）对 a^{T} 的每一行 a_i^{T} 循环（$i=1,2,\cdots,N$）

$$(Jp)_i = \dfrac{\partial a_i^{\mathrm{T}}}{\partial m} vp + a_i^{\mathrm{T}} y$$

结束循环。

（a）Jp

$J^{\mathrm{T}}q$ 的计算：$J^{\mathrm{T}}q = \left(\dfrac{\partial a^{\mathrm{T}}}{\partial m} v \right)^{\mathrm{T}} q + \left(\dfrac{\partial f}{\partial m} - \dfrac{\partial K}{\partial m} v \right)^{\mathrm{T}} K^{-1} aq$

1）解正演问题求得 v；

2）先求 aq；

3）令 $x = aq$；

解"拟正演"问题 $Ky=x$，求得 y（$y = K^{-1}aq$）；

4）对 m 的元素 m_j 循环（$j=1,2,\cdots,M$）；

$$(J^{\mathrm{T}}q)_j = \left(\dfrac{\partial a^{\mathrm{T}}}{\partial m_j} v \right)^{\mathrm{T}} q + \left(\dfrac{\partial f}{\partial m_j} - \dfrac{\partial K}{\partial m_j} v \right)^{\mathrm{T}} y$$

结束循环。

（b）$J^{\mathrm{T}}q$

图 3.19　灵敏度矩及其转置与向量乘积的计算流程

可以看出，Jp 与 $J^{\mathrm{T}}q$ 的计算过程各自只包含一次拟正演计算，与直接计算 J 相比容易得多，这是拟牛顿法与共轭梯度类方法共同的优点。

3.6　地球物理电法反演过程中混入系统误差分析

地球物理电法反演参数估计模型是对实际地质结构的客观反映；但在获取参数估计模型的各步骤中，会不可避免地存在各种系统误差。例如，在地球物理正演过程中，受正演模型精度和模型离散化误差的影响，会导致一个褶积模型的系统退化过程（Ganse，2008）。类似的系统退化过程也存在于模型估计的其他步骤中。可以认为在真实模型与估计模型之间存在有一系列的级联系统退化效应（Alumbaugh and Newman，2000），其对估计模型的影响，由数据采集、正演计算和反演计算等步骤中存在的系统误差决定（Oldenborger and Routh，2009），这些系统误差导致了模型分辨率的降低。因此，通过消除估计模型中系统误差，可以有效减小系统误差对于估计模型的影响，由此增强参数估计模型的分辨率。

系统误差主要包括：噪声、测量误差、离散化误差、正反演模型误差、仪器退化误差等（Oldenborger and Routh，2009；于波，2009）。因此，地球物理反演问题是一个病态问题，大多数情况下模型估计问题存在多解性和解不确定性。真实模型和反演估计模型间通常存在较大的差异（Tikhonov and Arsenin，1977）。研究表明，虽然使用正则化方法可以减小反演问题解的病态性，但解的不确定性问题始终存在（Zhdanov，2002）。我们根据地球物理反演理论，分析了系统误差对于估计模型分辨率的影响，根据推导的系统误差退化数学模型得出：即使在理想状况下，得到的无偏参数估计模型，同样受到系统误差的影响而存在退化效应。

3.6.1　混入系统误差与褶积模型

电法反演模型的系统误差是在模型参数估计过程中不可避免的误差，其包括数据采集、正演计算和反演计算等步骤中混入的各种误差，如环境干扰产生的误差、测量误差、器件退化误差、离散化误差、理论模型误差、计算误差等，此类误差是无法避免、不可测量的，其严重影响了模型的精度和对于地下异常体的探测精度；特别是在电法的深部勘探中，由于探测周期长、接收信号微弱等原因,系统误差多引起的系统退化效应严重,深部探测模型的分辨较低,地下低阻异常体模型的边界模糊不确定。

系统误差所导致的系统退化现象,最直接的反映是计算异常体模型分辨率的退化。地球物理模型的分辨率是衡量地球物理计算模型精度的重要测度,Backus(1970a;1970b;1970c;1967)提出了地球物理模型分辨率的概念,提出了由点扩展函数 PSF(point spread function)来评价反演估计参数模型的理论。通过 PSF 的数值分布分析可以评价各种地球物理方法对真实数据模型的分辨能力。在 PSF 定义的基础上,Jackson(1972)和 Menke(1984)定义了参数分辨率矩阵 MRM(parameter resolution matrix)。Daily 和 Ramirez(1995)等人根据实际的直流电阻率方法普查应用,将 PSF 和 MRM 对反演模型的分辨率评价结果,与实际普查情况进行了对比验证分析。结果显示:在 MRM 矩阵的对角线上,较大的值对应了较差的分辨率,较小的值对应较好的分辨率。对比结果与 PSF 和 MRM 的分辨率评价理论推导相符。

Alumbaugh 和 Newman(2000)等人根据 PSF 研究了在 2D 和 3D 电阻率反演模型中不同空间位置的空间分辨率分布,较好地解释了在实际的电阻率反演中反演模型分辨率的差异。Miller 和 Routh(2007)等人分析了由 Oldenburg 和 Li(1999)提出的 RDI(region of data influence)与 PSF 在数学上的关系,并进行了线性和非线性试验的验证,研究表明:PSF 的分辨率评价结果能够很好地符合 RDI 准则对于数据影响区域(region of data)的预测。Oldenborger 和 Routh(2009)通过 PSF 有效地评价了 3D ERT 的反演结果。并且分析认为 PSF 是叠加在真实数据模型上的冲激响应。Alumbaugh 和 Newman(2000)提出:PSF 是一个连接在真实模型和估计模型之间的退化滤波器,并且设想根据 PSF 从估计模型中提取出更多的真实数据模型相关信息。

根据以往对于 MRM 矩阵的研究表明,MRM 的数值分布受反演正则化项、噪声水平、正反演模型等因素的影响。Oldenborger 和 Routh(2009)提出 MRM 可以用来观测系统误差所导致的系统退化效应。笔者进一步分析了 MRM 矩阵与系统误差之间的关系,并建立了系统误差与 MRM 的关系模型。

系统误差存在于观测数据中,我们忽略了观测数据采集的具体过程和方式,直接讨论含有系统误差的采集数据的处理。将非线性模型估计分析进行线性化近似,定义如下(Oldenborger and Routh,2009):$d = F(m)$,其中:$F(\cdot)$ 表示正演算子,d 表示观测数据向量,m 是模型向量,假设反演为病态欠定问题,则构建正则化最小二乘目标函数如下:

$$\psi = \{W_d[d-F(m)]\}^T\{W_d[d-F(m)]\} + \mu\{W_m(m-m^{ref})\}^T\{W_m(m-m^{ref})\}$$

$$(3.50)$$

其中：μ 为正则化参数；W_d 为观测数据的加权矩阵；W_m 为参考模型 m^{ref} 的加权矩阵。线性化式(3.50)并将其进行 Taylor 展开，并忽略高阶项 $o(\|\Delta m\|^2)$。则迭代更新估计模型为

$$m^{i+1} = H^{-1}\{S^T W_d^T W_d[d-F(m^i)] + Sm^i - Sm^{ref}\} + m^{ref} \qquad (3.51)$$

其中：S 为敏感度矩阵；H 为 Hess 矩阵 $H = [S^T W_d^T W_d S + \mu W_m^T W_m]$。为了建立估计模型和真实模型的关系，将观测模型和真实模型 $\hat{m}$ 的关系表达为：$d = F(\hat{m}) + e^s + e^T$，$e^s$ 是测量中的随机误差项，e^T 是离散化误差和计算模型误差引起的系统误差项，在非线性情况下，归并误差项 $e^s + e^T = e$(Oldenborger and Routh, 2009; Bronstein et al., 2004; Wijk et al., 2002)，得到

$$m_b = m^{i+1} - [I-R]m^{ref} = R\hat{m} + RS^{-1}e \qquad (3.52)$$

其中：m_b 代表无偏估计参数模型；分辨率矩阵 R 可定义为

$$R = [S^T W_d^T W_d S + \mu W_m^T W_m]^{-1} S^T W_d^T W_d S \qquad (3.53)$$

由于式(3.52)中叠加在真实模型 $\hat{m}$ 上的 R 和 $RS^{-1}e$ 的影响，导致在无偏估计模型 m_b 中出现了退化效应。在地球物理反演过程中，通常 R 的数值分布并不完全规则。而且，在多维情况下，R 是一个相对规模较大的矩阵，直接计算 R 所需的空间复杂度和时间复杂度过大，一般硬件无法满足需求。因此，研究对 R 的数值分布进行了进一步的讨论，以简化退化数学模型。

将模型分辨率矩阵 R 按行和列，划分为行向量 a_l 和列向量 p_k，则模型分辨率矩阵可以表示为 M 个向量：

$$R = [p_1 \quad \cdots \quad p_k \quad \cdots \quad p_M] = \begin{bmatrix} a_1 \\ \vdots \\ a_l \\ \vdots \\ a_M \end{bmatrix} \qquad (3.54)$$

则列向量 p_k 被称为 PSF，PSF 数值分布受观测噪声、反演中加入的先验信息等因素影响，可以认为是加载在真实模型上的类 delta 扰动函数。如果 PSF 有较宽和较大的旁瓣存在，则估计模型的分辨率则相应较低(Sven, 2003)。

3.6.2　反演退化模型的近似褶积模型

理想的情况下，R 是一个单位矩阵，此时模型的分辨率达到最大值，是对

真实模型的无误差反映。但在实际应用中,受系统误差因素,例如离散化误差、正演模型误差,以及受压制噪声稳定解而使用的正则化项的影响,通常估计模型的分辨率矩阵的主对角线存在一定宽度的旁瓣,因此,无偏估计模型无法达到最大分辨率的理想状态。

为从理论上推导系统退化模型,以及分析提出的近似褶积模型的误差,首先将矩阵 $\boldsymbol{R}$ 扩展为 Teoplitz 矩阵,将式(3.52)、式(3.53)中模型分辨率矩阵与真实模型的乘积退化过程,近似为点扩展函数褶积退化过程。

式(3.54)中,行向量 $\boldsymbol{a}_l$ 称为核函数,在空间域上,核函数 $\boldsymbol{a}_l$ 是一个加权平均函数。核函数 $\boldsymbol{a}_l$ 与真实模型 $\hat{\boldsymbol{m}}$ 的乘积等于无偏估计模型参数 $\boldsymbol{m}_b$。因此,拓展后的分辨率矩阵 $\boldsymbol{R}$ 与真实模型 $\hat{\boldsymbol{m}}$ 的乘积过程,在空间域上是一个加权平均过程,反映了由系统误差而引起的系统退化效应。

根据式(3.54)定义,MRM 矩阵中的 PSF 存在类似与核函数 $\boldsymbol{a}_l$ 的系统退化作用。在分辨率矩阵中,PSF 的数值通常沿对角线对称分布,假定 PSF 支持域大小为 k,则将式 $\boldsymbol{R}\hat{\boldsymbol{m}}$ 表示为

$$
\boldsymbol{R}\,\hat{\boldsymbol{m}} = [\boldsymbol{p}_1 \ \cdots \ \boldsymbol{p}_k \ \cdots \ \boldsymbol{p}_m]\hat{\boldsymbol{m}} =
\begin{bmatrix}
p_{11} & & & & & \\
\vdots & \ddots & & p_{ij} & & \\
p_{k1} & & \ddots & \vdots & & \\
& & & p_{(i+k/2)j} & & \\
\vdots & & & & \ddots & p_{(M-k)M} \\
& p_{(i+k)j} & & & \ddots & \vdots \\
& & & & & p_{MM}
\end{bmatrix}
\begin{bmatrix}
\hat{m}_1 \\
\vdots \\
\hat{m}_i \\
\vdots \\
\hat{m}_M
\end{bmatrix}
\tag{3.55}
$$

式(3.55)中,p_{ij} 的数值以矩阵 $\boldsymbol{R}$ 的对角线为中心对称分布。假设:矩阵主对角线附近,在列方向上不为零的元素个数为 N 个。将矩阵 $\boldsymbol{R}$ 在顶部向上延拓 $N/2$ 行,矩阵 $\boldsymbol{R}$ 底部向下延拓 $N/2$ 行,则矩阵大小变为 $(M+N) \times M$。将延拓前矩阵 $\boldsymbol{R}$ 第一行到第 $N/2$ 行,第 $N/2$ 列到第 N 列之间正方形区域的元素值,对应赋值给拓展后矩阵的第一行到第 $N/2$,第一列到第 $N/2$ 列之间正方形区域的元素。同理,对矩阵底部下延拓 $N/2$ 行,赋值过程类似。具体的上延拓、赋值过程如图 3.21 所示。

图 3.21 表示了模型分辨率矩阵的向上拓展、赋值,近似 Teoplitz 矩阵的过程。黑色小方格代表矩阵中数值不为零的元素,白色小方格代表数值为零的元素。其中黑色虚线组成的方框代表向上拓展后增加的部分,白色虚线表示未拓展矩阵的主对角线,两个灰色实线正方形包围的区域,表示对应的赋

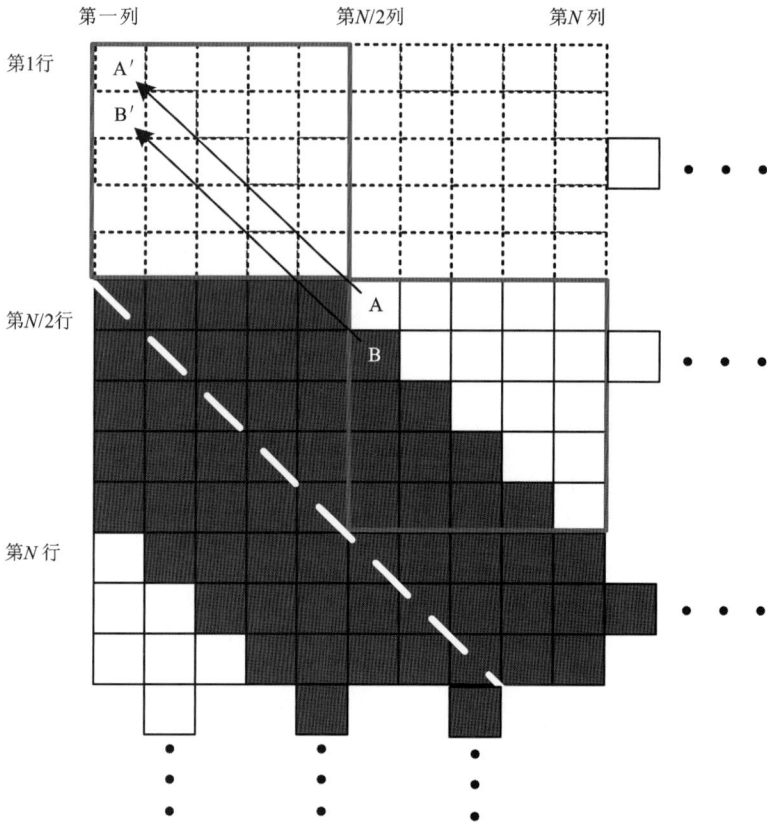

图 3.21　MRM 的 Teoplitz 矩阵拓展近似

值区域。以图中单个元素示例:将 A 位置的元素值赋值给 A′ 位置的元素,将 B 位置的元素值赋值给 B′ 位置的元素。以此类推下拓展、赋值过程,就完成了整个模型矩阵的拓展和赋值。

　　拓展后的矩阵 $\boldsymbol{R}_{exp}$ 是一个标准 Teoplitz 矩阵。根据相关的褶积定理,Teoplitz 矩阵与一个向量的乘积,等于一个褶积点扩展函数与向量的卷积。因此,$\boldsymbol{R}_{exp}$ 与真实模型向量 $\hat{\boldsymbol{m}}_l$ 的乘积,等于褶积点扩展函数与真实模型向量 $\hat{\boldsymbol{m}}_l$ 的褶积。褶积后的矩阵大小为 $(M+N,1)$。为使褶积数据长度与 m_b 相符,截取数据中心区域范围 M 长度的数据。

　　由于 $N \ll M$,近似 Teoplitz 矩阵的误差和褶积有限长度所带来的误差可以忽略不计,得到近似关系(其中 * 表示部分褶积)

$$\boldsymbol{R}\,\hat{\boldsymbol{m}} = \boldsymbol{R}_{exp}\hat{\boldsymbol{m}} \approx \mathrm{PSF}_e * \hat{\boldsymbol{m}} \tag{3.56}$$

其中:PSF_e 表示褶积点扩展函数,$\mathrm{PSF}_e = \boldsymbol{p}_k$。根据以上的推导,可以得到

$$\boldsymbol{m}_b = \boldsymbol{R}\,\hat{\boldsymbol{m}} + \boldsymbol{R}\boldsymbol{S}^{-1}\boldsymbol{e} \approx \boldsymbol{R}_{exp}\hat{\boldsymbol{m}} + \boldsymbol{R}_{exp}\boldsymbol{S}^{-1}\boldsymbol{e} \approx \mathrm{PSF}_e * \hat{\boldsymbol{m}} + n \tag{3.57}$$

　　以上的推导将 **R** 近似为一个褶积矩阵 PSF_e（褶积点扩展函数），褶积点扩展函数的规模远小于的 **R**。从计算效率和计算精度上考虑，褶积退化数学模型更为适合模型增强计算。在以上的推导过程中，假定退化点扩展函数为空不变的，这样假设主要依据为：首先，在以往的退化增强的研究中（Villain et al.，2003；Jefferies et al.，2002；Taxt 2001；Muller 1988），通常假设点扩展函数是空不变的，空不变假设有可能简化了实际的物理模型，但空不变模型通常可以近似代表实际的物理模型。这种假设所带来的误差和增强效果能满足实际需求，算法的计算效率也较高。此外，这种假设具有一定的普遍性。虽然空变的点扩展函数较为复杂且更为准确，对于某种具体地球物理的应用，如果可以估计出其空变的点扩展函数，采用其对估计模型进行增强。但是对于更广泛意义上的实际应用，没有较为稳定的空变点扩展函数估计方法。因此，在更广泛的适用范围上，空不变的假设具有一定的普遍性。

　　以上讨论是以一维模型近似为例，二维模型的 Teoplitz 矩阵近似与一维近似过程像似，二维模型的分辨率矩阵相对一维规模较大，数值分布相似，同样可以近似为一个 Teoplitz 矩阵，根据 Teoplitz 矩阵估计得到二维的褶积点扩展函数，具体过程与一维情况相同，此处不再单独论述。此外，二维数据试验表明，直接求取的分辨率矩阵通常是不规则的，难以从数值上严格的近似为 Teoplitz 矩阵。由于误差的影响，直接从分辨率矩阵近似褶积点扩展函数，会导致褶积点扩展函数存在较大的误差，而褶积点扩展函数误差会在反褶积模型增强过程中被放大，严重影响增强效果。此外，由于还存在其他的叠加系统褶积退化效应，其无法通过点扩展函数来估计。因此，从试验结果可以看出，直接从分辨率矩阵中估计出总体的系统退化点扩展函数是不可行的。另一个对退化点扩展函数求取，有严重影响是在系统误差中包含的随机误差成分，以类似于噪声叠加的方式存在，且通常相对数值较小（Oldenborger and Routh，2009）。因此，将 $RS^{-1}e$ 近似为随机噪声项 n。此外，除根据分辨率矩阵推导出的退化褶积点扩展函数外，一些其他的地球物理过程，例如数据采集、器件退化等，也会产生一系列类似的级联的褶积退化，也是无法直接估计的。可以将所有的褶积退化表示为系统级联退化过程，如式（3.58）所示。

$$\boldsymbol{m}_b = PSF_{cas} * PSF_e * \hat{\boldsymbol{m}} + n = PSF * \hat{\boldsymbol{m}} + n \qquad (3.58)$$

　　根据式（3.58），地球物理无偏估计模型 $\boldsymbol{m}_b$，可以表示为级联的卷积退化所形成的整体褶积退化函数 PSF 褶积真实模型而形成。因此，可根据褶积退化过程，对地球物理无偏估计模型进行反褶积结算。从无偏估计模型中恢复出更多真实模型的信息，减小估计模型中存在的系统误差退化效应。

3.6.3 反演混入系统误差数值分析

为分析模型分辨率矩阵的近似误差对算法的影响,以一维线性反演问题为例进行分析:$d_i=(f_i,m)$,其中核函数 f_i 是高斯模糊退化核函数,如图 3.22(b)所示(从 100 个核函数中等间隔选取 10 个核函数显示),采用一个 1D 长度为 100 的合成数据模型,加载 5% 高斯随机噪声后观测数据、真实模型以及核函数如图 3.22 所示。

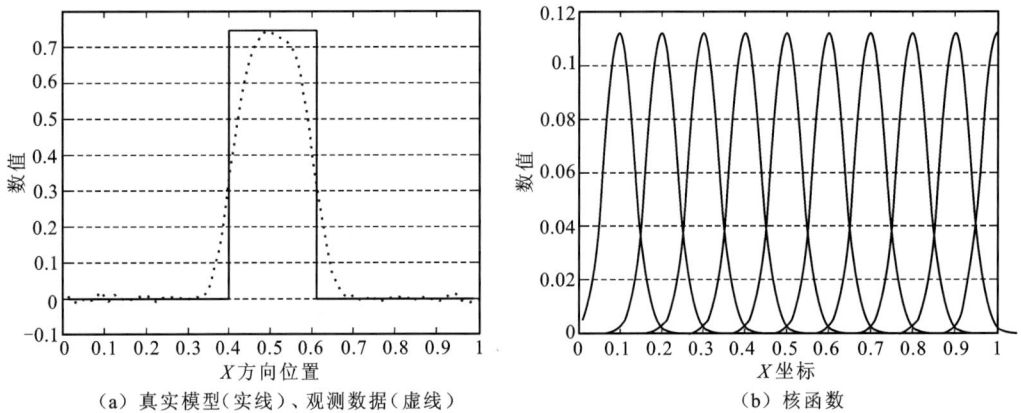

(a) 真实模型(实线)、观测数据(虚线)   (b) 核函数

图 3.22 观测数据、真实模型和核函数

对观测数据使用均值为 0.5 单位的参考模型进行反演,反演方法采用带 Tikhonov 正则化的 TSVD(truncated singular value decomposition)算法 (Hansen,1990),反演中的正则化参数的确定使用 L-Curve 算法,真实模型和反演结果对比如图 3.23 所示。

受噪声的影响,反演中存在病态性问题。本例中,正则化系数 $\alpha=0.541\,17$,从图 3.23 中可以看出:真实模型的跳变边缘在反演后变得较为平滑,估计模型的分辨率较真实模型有所降低,反演模型中出现了由于噪声等因素引起的数值扰动效应。

根据已知的核函数建构模型分辨率矩阵如图 3.24 所示。

根据提出的模型分辨率矩阵 PSF 褶积近似理论,对反演估计的模型分辨率矩阵进行 PSF 褶积近似,从图 3.24 模型分辨率矩阵中提取褶积退化 PSF,如图 3.25 所示。

为分析矩阵近似过程对模型精度的影响,将得到的分辨率矩阵拓展为 Teoplitz 矩阵,从而得到褶积点扩展函数 PSF。将分辨率矩阵与真实模型 $\hat{m}$

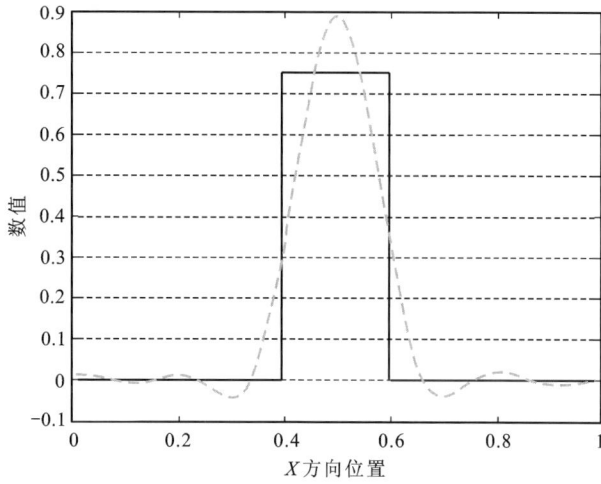

图 3.23 真实模型(实线)和反演模型(虚线)

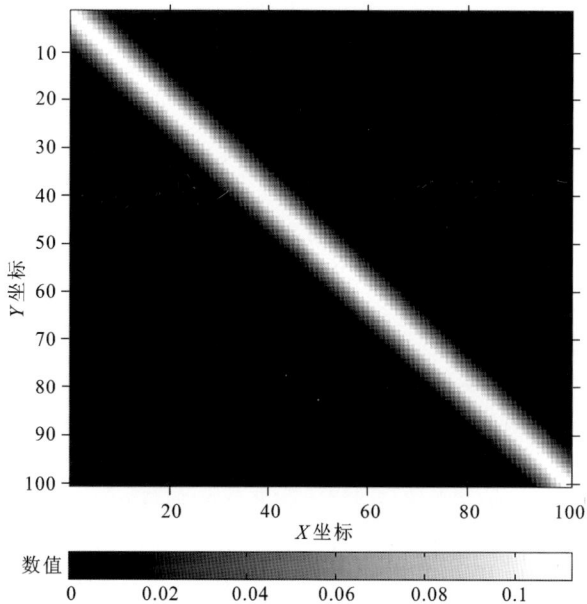

图 3.24 模型分辨率矩阵

的乘积,与近似褶积 PSF 和真实模型 $\hat{m}$ 的褶积结果对比如下,如图 3.26 所示:

图 3.26 中,核函数与真实模型乘积的结果($f_i\hat{m}$),与点扩展函数和真实模型褶积 PSF $*$ $\hat{m}$ 的数值曲线基本重合。但根据第 3 章的理论推导可知,由于受褶积近似和褶积有限长度的影响,$f_i\hat{m}$ 与 PSF $*$ $\hat{m}$ 之间存在误差距离,将

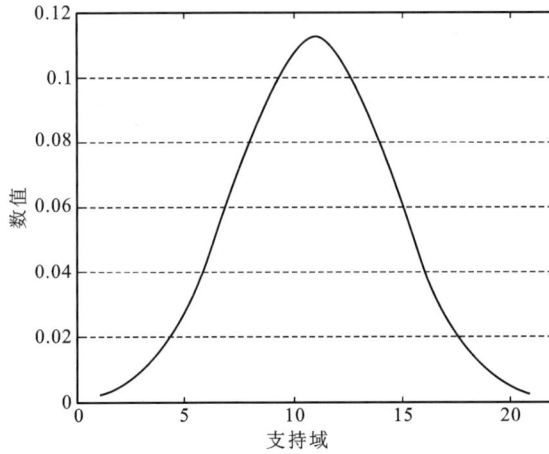

图 3.25　褶积退化点扩展函数

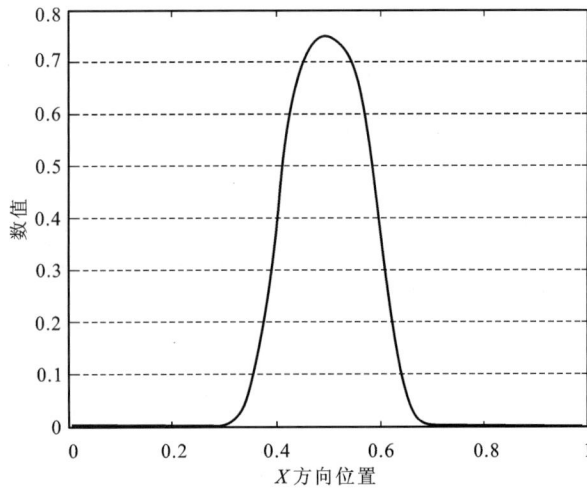

图 3.26　$f_i\hat{m}$（黑色线）与 PSF $*$ $\hat{m}$（灰色线）的对比（ $*$ 表示褶积）

两者相减,结果如图 3.27 所示。

$f_i\hat{m}$ 与 PSF $*$ $\hat{m}$ 误差绝对值的最大值为 0.001 1,与的 $f_i\hat{m}$ 最大值 0.752 0 相比,误差为 0.15%,可以认为褶积近似误差较小,在反演增强中可以忽略。

3.7　地球物理电法反演退化数学模型的优化实例分析

针对图 3.23 所示的反演模型,根据提出的 TV 正则化反褶积算法对反演

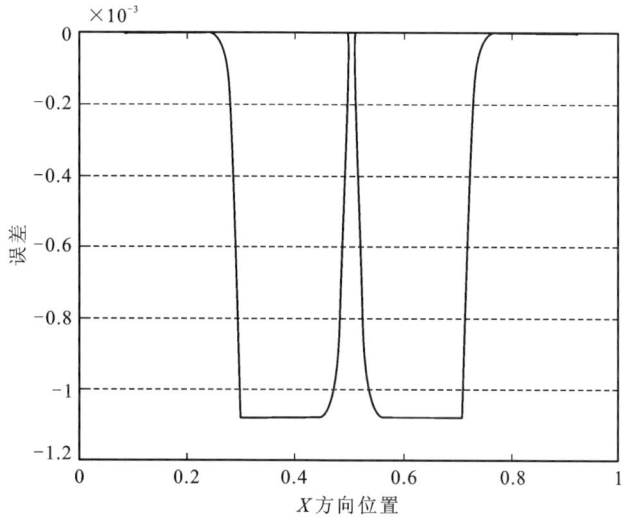

图 3.27　$f_i\hat{m}$ 与 PSF $*\hat{m}$ 的误差

结果进行增强，TV 算法使用的初始 PSF 如图 3.25 所示，正则化因子：$\alpha=$
7.356 4×10^{-4}，增强结果如图 3.28 所示。

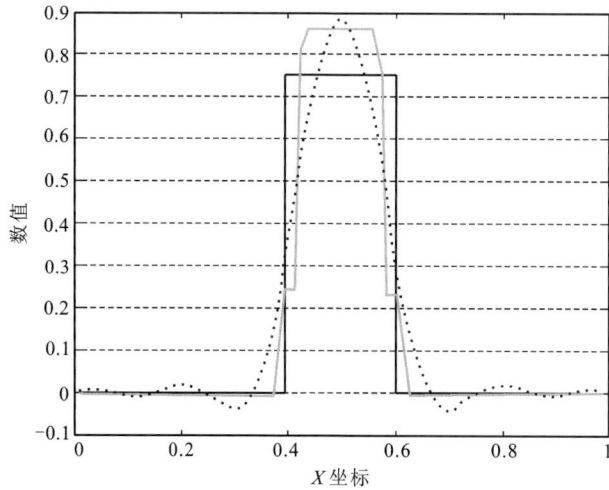

图 3.28　真实模型(黑色线)，反演模型(虚线)，反演增强模型(灰色线)

图 3.28 中，反演估计模型经过 TV 算法增强后，真实模型的陡峭的边界
细节得到了恢复，其更接近于真实模型，同时反演估计模型中零值附近的数
据扰动在增强后也得到了很好的抑制。估计参数模型增强后与真实模型的
平均距离误差减小了 58.50%，同时分辨率得到了提高。

以 2D MT Occam 反演为例，真实模型采用合成模型如图 3.29 所示：在地表下 5～10（km）深度、水平方向－5～5（km）范围内有一个 10 Ωm 的低阻体，周围围岩为 100 Ωm 的高阻体。

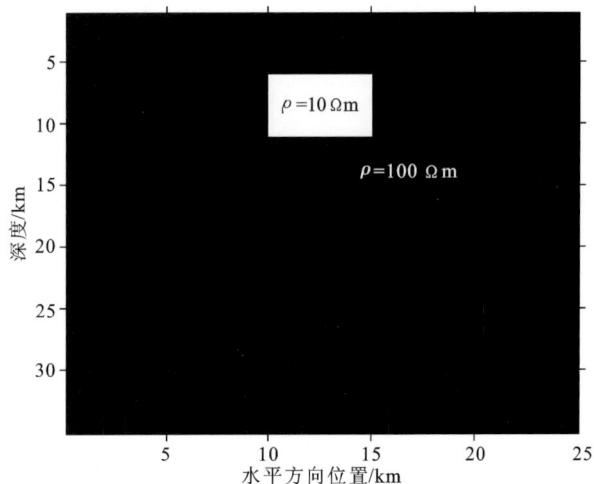

图 3.29　合成模型

频段范围为 0.5～0.2×10⁻² Hz，观测数据加入了 10% 的高斯随机噪声，网格划分采用不均匀网格划分方法，在异常体附近和靠近地面位置网格划分较密，参考模型电阻率值为 100 Ωm。

根据反演过程中噪声的偏差，设置反演正则化因子值为 0.32。反演算法经过 10 反演次迭代后，得到的估计模型如图 3.30 所示。反演后周围高阻围岩的电阻率整体降低，而低阻体的阻值在反演后整体升高。并且，低阻体的范围扩大、边界模糊，接近一个类椭球体。

如图 3.31，深度 5～10（km），宽度－5～5（km）的低阻异常体，其反演估计模型受各种噪声和误差的影响，数值分布由真实模型的矩形分布变为类高斯状分布。

反演估计模型最低电阻率值为 36.981 Ωm。大于真实模型的数值 10 Ωm，异常区域内平均电阻率数值为 57.981 Ωm，相比真实模型的平均电阻率值 10 误差较大。估计模型在数值分布连续区域，如高阻异常体精度较高，受系统退化误差的影响较小，而在估计模型数值变化区域，如高低阻交界处，存在较为严重的系统退化效应。

本例反演的模型分辨率矩阵是一个较大的稀疏矩阵，由于噪声和网格划分，以及反演算法误差的影响，估计出的反演模型分辨率矩阵数值分布形式较为复杂，难以从中近似估计出严格的 2D PSF 褶积阵。对图 3.30 所示的反

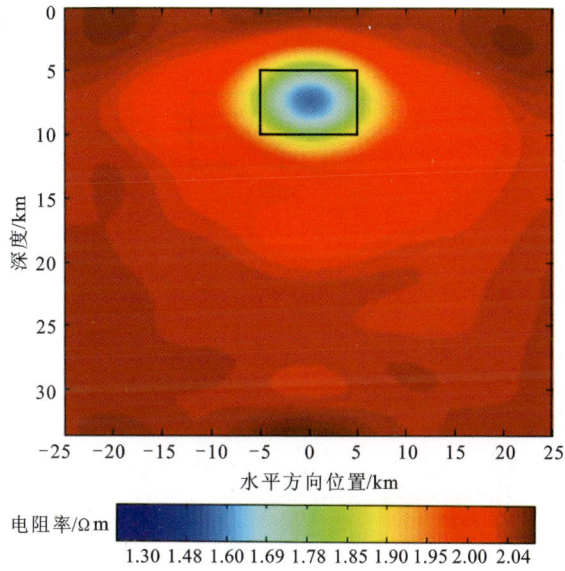

图 3.30 反演估计模型

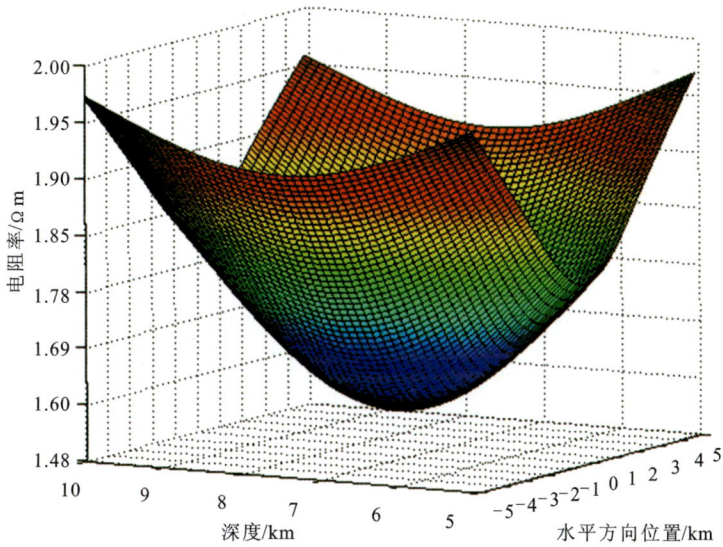

图 3.31 异常体反演后的数据分布

演估计模型,采用提出的盲反褶积 TV 正则化反褶积算法进行增强,增强的反演模型如图 3.32 所示。

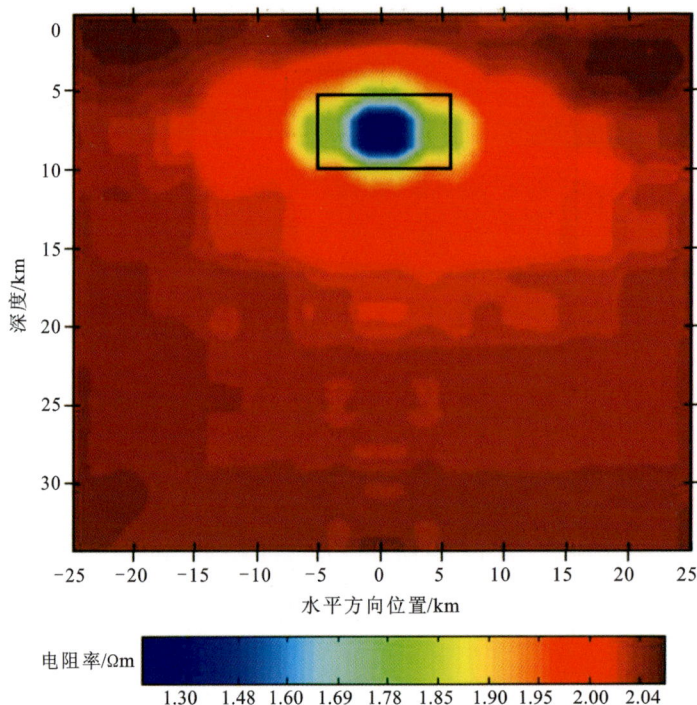

图 3.32　增强的反演模型

　　估计模型经过反褶积算法增强后,低阻异常区域的边界变得更为清晰,异常区域的形状更接近真实模型,从视觉上更利于数据的解释和分析,如图3.33 所示。

　　对比图 3.29、图 3.30 以及图 3.31 增强后的模型,异常区域内电阻率值最小值为 12.983 Ωm,相比反演估计模型 36.981 Ωm,更接近真实模型电阻率值 10 Ωm。同时,增强后异常区域内的平均电阻率值为 15.484 Ωm,相比反演模型平均值57.981 Ωm,误差减小了 88.57%。

　　总体上,反演估计模型的数值范围为(36.981,117.119)Ωm,反演增强估计模型的数值范围为(12.983,114.968)Ωm,更接近真实模型范围(10,100)Ωm,增强后模型数值精度得到提高。

　　以 7.5 km 深度的各水平位置模型的数值分布为例,对比真实模型、估计模型和反演增强模型,如图 3.34 所示。

　　增强后模型中的异常体的边界相对增强前更为清晰,模型的视觉分辨率得到了提高。真实模型与反演估计模型电阻率的距离加和均值为 14.099 7,真实模型与增强模型电阻率的距离加和均值为 12.799 1。由此可得,在 7.5 km 深处水平位置的反演估计模型,经过增强后,误差减少 9.22%。

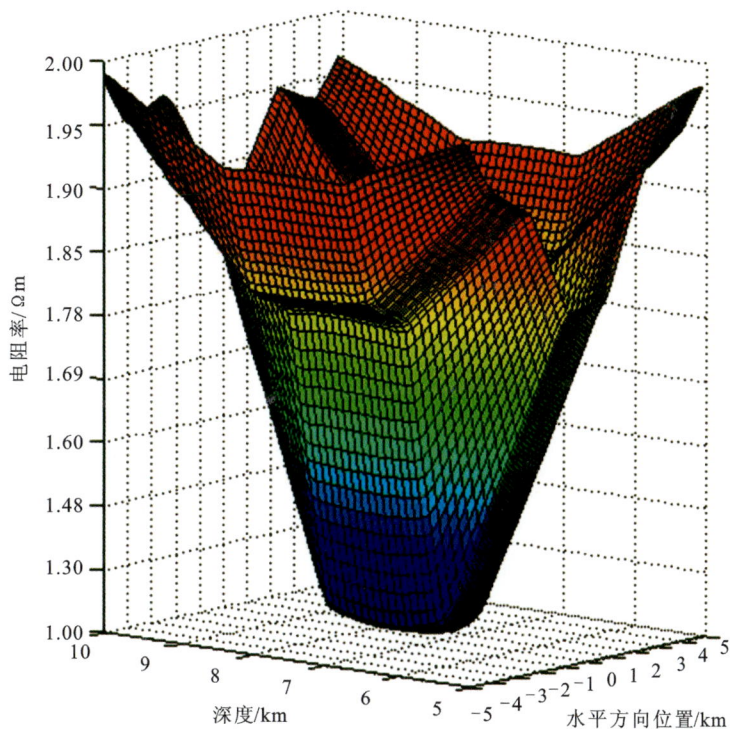

图 3.33　异常体区域增强后的数据分布

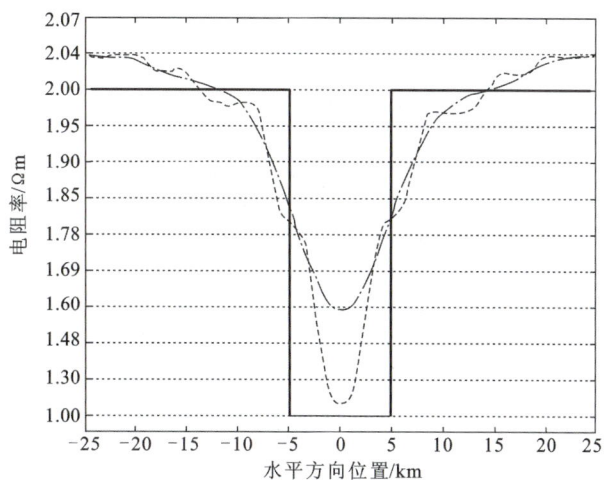

图 3.34　7.5 km 深度水平位置模型对比

真实模型(实线),反演模型(虚线),反演增强模型(点划线)

　　对比水平方向 0 km 处,真实模型、估计模型和反演增强模型在各个深度的数值分布,如图 3.35 所示。

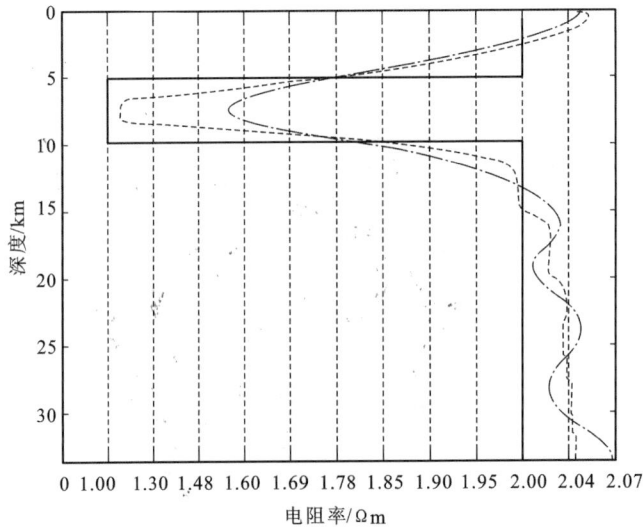

图 3.35　水平方向 0 处各深度模型对比

真实模型(实线),反演模型(虚线),反演增强模型(点划线)

水平方向 0 km 处各深度的估计模型与真实模型距离均值为 13.907 4,真实模型与增强模型电阻率的距离均值为 10.711 8。水平方向零公里处各深度反演估计模型,经过增强后,误差减少 22.98%。

图 3.34、图 3.35 中,在高阻围岩部分,由于反演误差引起的模型数值扰动,在经过反褶积增强后,得到了很好的平滑,增强结果与真实数据的变化趋势更为相似。

总体上,真实模型与反演模型电阻率的距离加和均值为 10.241 2,真实模型与增强反演模型电阻率的距离加和均值为 9.880 9。经过反演增强后,反演模型整体上误差减少 3.5%。由于区域内大量数据属于连续的高阻体,反演后整体的系统退化误差并不大,系统退化主要出现在高阻和低阻交界的异常区域。因为低阻异常模型区域所占整体模型区域的比重较小,所以整体上精度提高了 3.5%,提高精度幅度较小。但对于异常体区域的模型,增强后模型的精度提高 88.57%。所以,方法对于估计模型中存在较多系统退化效应的模型数值跳变区域,可以更为显著地减少系统退化效应,提高模型的分辨率和数值精度。

笔者根据对地球物理反演理论,提出的新的反演估计参数的近似退化褶积模型,基于该模型提出了盲反褶积增强算法。通过 1D 和 2D 的反演增强试验,验证了褶积近似 PSF 理论的正确性,以及反褶积增强算法的数据处理有效性。试验表明,反演模型在数据处理后误差整体减小,特别是对于数值跳变的异常区域,可以较好的增强异常体边界,减少系统误差所带来的系统退化效应,有效地增加模型分辨率和数值精度。

地球物理电法的数据的采集过程和数据处理过程较为复杂,特别是正、反理论部分仍是研究的热点方向,在不断地发展和完善。实际的电法数据处理过程较为复杂,特别是在地下地质结构复杂或干扰严重的情况下,所获取的模型和真实的地质体之间存在较大的差异。笔者通过研究认为,这种差异的存在是不可避免的,无法完全消除,误差的来源也较为复杂,通常不可以直接测量和计算。盲信号处理方法为消除这种误差提供了一个解决途径,方法不需要直接测量和估计误差,通过数据处理处理手段可以有效减小模型中的干扰误差。

虽然盲信号方法在试验中取得了一定的效果,但是由于电法数据处理的复杂性,对误差存在的理论分析较为困难。在数据的解释中,也难以将这些误差成分与具体的地球物理参数相联系,盲信号处理在地球物理实际应用中的研究仍有较长的道路需要走。但随着理论研究的不断深入和完善,盲信号方法有希望成为地球物理电法数据处理中的一个新的研究方向。

4 地球物理势场数据盲信号处理

4.1 地球物理势场数据处理概述

重力方法被广泛地应用于矿产资源勘探中,通过重力方法提取异常体信息,对于矿体位置的确定具有很好辅助作用,对于确定钻孔位置和矿体的储量也具有重要的参考价值。此外,重力探测的异常体的信息还可以作为先验条件信息约束,用于地球物理其他方法的计算中(Yang and Oldenburg,2012;Lane,2008;Li and Oldenburg,2003)。

在以往相关的研究中,大量重力数据解释处理方法被提出。例如,各种高通数据滤波器、变阶偏导滤波器,被应用于增强和提取数据中的异常体边界。利用垂直偏导滤波器(Evjen,1936)和水平偏导滤波器增强数据中的高频边界信息,Blakely(1995)定义了波数域的 n 阶偏导滤波器。此外,许多的改进的水平偏导滤波器和垂直偏导滤波器,在势场方法勘查中被广泛的研究和应用(Cooper and Cowan,2006;Wijns et al. ,2005;Verduzco et al. ,2004;Miller and Singh,1994)。解析信号方法也是重力数据解释处理中被广泛研究和应用的方法(Nabighian,1974;

1972），与传统的 RTP(reduce to the pole)滤波器相比，其具有更好的稳定性。重力场数据局部相位的滤波方法也是势场数据解释研究主要方向（Cooper and Cowan，2006），其中包括 Wijns 提出的 Theta map 滤波方法，Miller 和 Singh 提出的 tilt angle 滤波器，该滤波器属于基于水平偏导的 AGC(automatic gain control)滤波器。一般情况下，偏导类型的滤波器对噪声较为敏感，所以算法在处理过程中需要对噪声和信号进行均衡。Cooper 和 Cowan(2004)采用变阶方法对信号数据中的噪声进行抑制，取得了较好的效果。Fedi 和 Florio(2001)讨论了采用数字图像滤波的方法对势场中的异常体进行提取，并提出了一个有效抑制噪声的空域滤波器。Thomson(1982)在 20 世纪 80 年代提出的 Euler 反褶积半自动势场资料解释方法，一直以来被作为势场资料处理的主要方法而广泛应用。Hsu 等(1996)在半自动方法的基础上发展了自动 Euler 反褶积势场资料解释方法，估计异常体的深度和水平边界位置。此外，维纳滤波类方法也被研究应用于航空磁法的资料解释中。与以往的 Euler 反褶积和滤波方法不同，根据经典的三维重力正演模型，我们研究了一种新的针对重力场的多层褶积模型，用于提取重力场异常体的水平方向的精细边界。

　　误差普遍存在于地球物理的数据采集、模型离散化、模型正、反演计算等过程中，其并导致了模型中系统退化效应的产生（Snieder and Trampert，1999）。系统退化效应在模型中主要表现为模型分辨率的退化，以及数据中异常边界过于光滑等降质退化现象。在以往对于地球物理模型分辨率的研究中，许多学者也对于不同类型的系统退化效应进行了详细的分析。Ganse(2008)研究认为地球物理正演计算中会不可避免地引入系统误差，导致系统退化效应。Alumbaugh 和 Newman(2000)研究认为地球物理反演过程不可避免地会受到系统误差的影响，存在系统退化效应。笔者通过对系统误差的研究，观察到其导致了地球物理电法反演估计模型精度的降低。并且，采用反褶积等方法，可以有效消除数据中存在的系统误差，提高电法反演模型的精度。

　　地球物理成像方法是对地下真实地质体的客观反映。根据相关的理论，提高成像模型的分辨率需要以下三大类的额外辅助条件（Finsterle et al.，2007）。第一类方法主要是在模型计算和成像中输入相关的先验真实地质构造信息；例如采用联合反演方法和先验条件规整化反演方法都可以有效的提高模型的分辨率；第二类方法是通过优化模型的规整化方法提高模型的分辨率；对于地球物理反演方法的改进一直是研究的热点，对于先进的规整化方法研究有效地提高了地球物理反演模型分辨率。第三类方法通过消除模型中存在的系统误差和退化效应，也可以有效地提高模型的分辨率。第一类和第二类方法属于地球物理反演领域的研究内容,也是近些年地球物理领域的研究热点。本章所论述的研究属于第三类方法,通过消除模型中的系统误差和退化效应,对重力异常体的边界进行精确的定位和提取。

对于重力观测数据中存在的退化效应,前人学者进行了卓有成效的研究,Bhattacharyya 等(1977,1975)以及 Tsokas 和 Papazachos(1992)等采用垂直棱柱体划分方法,建构了二维的重力异常场退化模型,并将其应用于考古磁法勘探数据资料的处理应用中(Tassis et al.,2008;Tsivouraki 和 Tsokas,2007;Jeng et al.,2003)。Zunino 等(2009)提出了磁场数据的二维系统误差冲激退化模型,方法可以有效地提高地球物理磁场考古勘查的异常提取精度,但方法的假设和条件主要针对考古勘查应用的数据处理,不适用于对于一般条件下的复杂三维势场数据的处理。在三维势场数据中,异常体模型的分辨率随着深度的变化而不断地降低,因此对于多分辨率模型的势场数据的处理相对较为复杂和困难,在以往的研究中通常采用滑动窗滤波器和局部数据的统计特性,对数据进行分块处理,但方法在数据中容易出现弱信号的丢失和强信号的过增强问题。Cooper 和 Cowan(2006)提出了基于正交 Hilbert变换的正则偏导滤波器,较好地解决了不同幅值信号的差异化提取的问题。Zhang 等(2011)将各向异性方法引入势场数据的处理中,较好地保持了数据处理中信号的高频分量。

本章对势场中的异常体定位问题进行了讨论,主要基于对势场资料中存在的系统误差和系统退化问题的分析,通过消除势场数据中存在的系统误差成分,对重力数据中异常体的边界进行精确提取。综合以往的研究,本章论述了一种新的三维异常体多层模型划分方法和模型层次映射方法,对重力数据中的系统误差和系统退化效应进行建模分析。在建立的异常体退化模型的基础上,讨论了一种基于空域的反褶积和半盲反褶积算法系统误差消除算法。针对求解问题计算优化问题,研究采用 Primal-Dual 的算法优化策略,在数据处理过程中保持弱信号成分,抑制系统噪声的扩散和强异常信号的过增强,保护和提取地球物理势场数据中的深部弱异常体信号。

4.2　地球物理重力方法的应用和发展

重力学是人类历史上最早出现的学科领域之一,拥有悠久的研究发展历史。其中最为广为人知的一个科学试验是伽利略于 600 年前在意大利比萨斜塔上进行的重力速度试验,向人们证明了重力加速度的守恒性。伽利略通过观察钟摆规则运动周期不变的特性,认识到重力加速度的守恒性,其观测到钟摆运动的周期与摆锤的质量和摆幅无关,与只摆线长度相关。惠更斯根据这种特性,在 17 世纪发明了摆钟用于计时。欧拉从数学上给出了严格的周期的关系方程。此后,牛顿通过天文观测得到的星体运行数据,意识到引力的普遍存在,其在 1678 年发表了的著作中,阐述了著名的万有引力定律,奠定了重力研究的基础。19 世纪,赫尔墨特制造了可倒摆用于重力值的测定,将重力测量带入了新的纪元。目前重力学在多个科学领域中被广泛地研究和使用。在地球物理研究中,重力方法是最早被研究用来进行矿产勘探的方法之一,经过上百年时间的不断发展和完善,重力方法已经成为人们认识地球和环境的有效工具。

在地球物理领域中使用重力方法已经有 100 多年历史,早在 17 世纪,厄特沃什发明了扭称来测量重力梯度,其被用于探测背斜构造和盐丘结构。在 20 世纪初,重力方法被广泛地用于石油资源的勘探。在 20 世纪的中叶,科学技术的迅猛发展,使得重力测量仪器有了很大程度的改进,精密技术及高精度的测量技术的出现,使重力测量的精度大大提高。重力测量精度可以达到 1 毫伽左右,使得重力测量有可能探测更为微弱的异常信号,探测埋藏更深、剩余密度更小的异常体。此后,随着卫星技术的发展,重力测量开始出现了星载平台,这使得重力资料的大面积快速测量成为了可能,重力测量的应用范围也更加广泛。在军事领域,采用重力测量进行潜艇导航的方法也被广泛研究和使用。另一个重力相关的重要学科是大地测量学,拉普拉斯提出了位场的概念,并引入了球谐分析理论,奠定了地球的引力分析基础。斯托克斯(Stokes,1845)研究了重力异常值与大地水准面之间的关系,提出了著名的斯托克斯定理,开辟了大地测量学这个学科领域。此后开尔文(Kelvin,1876),勒夫(Love,1909),达尔文(Darwin,1982)利用引力的概念研究了地球潮汐现象。目前大地测量学已经成为了一门独立的重要学科,在航天、军事和基础设施建设等方面发挥着重要作用。

在 20 世纪中叶,重力测量是人类认识地球内部结构的主要手段之一,通过大面积的重力观测,人们初步了解了地壳和上地幔,以及岩石圈和软流圈的基本结构和构造。普拉特(Pratt)和艾里(Airy)提出了著名的重力均衡假说,随后众多学者在此基础上发展了重力补偿理论。温宁·曼尼兹(Meinesz)1929 年进行了著名的海底重力观测,在 Java 海沟处发现了超长的负重力异常。通过对观测重力资料的分析和计算,人们得出了地壳和地幔在纵向和横向上都具有分布不均衡的结论。推翻以往人们一直以来对于地幔是均匀的认识,有效地推动了对地球内部构造的科学研究。

重力学研究的另外一次飞跃是由超导技术所引领的。随着超导技术的不断成熟,出现了超导重力测量仪,其精度可以达到 0.01 μGal 水平,相当于正常重力常数的千亿分之一。超导重力仪的出现使得重力观测可以应用于更复杂的应用中。特别是在地球物理领域,高精度重力观测使得深部探测具备了更好的可靠性和准确性,同时也为数据资料解释处理算法提出了更高的要求。

重力数据资料的处理研究,围绕各种反演方法、异常提取方法,一直以来都是地球物理研究的热点问题。其中在反演方面,Pohanka(1988)阐述了规则均匀几何体异常体的重力反演方法,Barbosa 和 Silva(1994)、Ivan(1993)以及 Granger(1989)等将积分方程和数据压缩技术应用于重力反演方法。Hansen(1999)、Pinto 和 Casas(1996)、Friaha(1994)、Pohanka(1988)等则从数值优化的角度讨论了重力反演方法的计算。此外,Li and Oldenburg(1998)阐述了 3D 重力反演的基本框架,其被广泛的研究和使用。在采用重力反演方法进行区域构造研究方面,Krishna(1996)、Kenelly(1989)、Parson(1983)和 Banks 和 Swain(1978)研究和发展了构造均衡学说。此外,Hansen(1999)、Camadio 等(1997)、Glaznev 等(1996)、Cady(1989)、Negi 等(1989)以及 Wagener(1989)等也通过重力手段研究了地球深部的构造。Nagihara 和 Hall(2001)、Lobkovsky(1998)、De Graff(1989)、Marte and Souriau(1989)则通过重力方法研究了盆地和盐丘等局部特殊的地质构造。在国内,利用重力方法进行大地构造研究和矿产勘查研究方面也取得了很多的成果。其中,刘元龙等(1978;1977a;1977b)率先使用重力方法研究地球深部构造,蒋福珍和方剑(2001)、方盛铭等(1999;1997)、周国藩和张健(1994)、郭樟民(1990;1987)、冯锐等(1988;1987;1985)、王谦身(1986)、叶正仁和谢小碧(1985)、梁桂培(1983)、卢造勋(1983)、殷秀华等(1993;1982;1980)、宴贤富(1981)和魏梦华等(1980)等也相继利用重力方法研究了我国内陆不同地区板块的深部构造,取得了很好的研究效果。

采用重力方法进行地球深部构造研究,具有较强的方法优势。首先重力观测数据获取相对较为快捷,采用卫星可以在短时间内获取大量的重力观测数据。通过数据可以获取多个尺度、大深度范围的信息,特别是来自于地球深部的构造信息,数据信息量丰富。对于研究深部板块构造和区域地质结构提供了有效的手段(周国藩和张健,1994;郭樟民,1990;1987)。

随着新的硬件设备的出现,重力观测的精度不断提高,重力方法的应用也开始陆续出现在其他的民用或商用领域中,例如李耀国将重力方法应用于浅层的金属物探测和集装箱的无损探测等,取得了很好的实际应用效果。此外,重力传感器也是目前智能手机中应用最为普遍的传感器,其应用项目也遍及娱乐和生活等多种应用中,也是目前最具吸引力的 APP 开发方向之一。

重力资料的处理方法大致上可以分为定性分析和定量分析两大类。在定性分析方法中,重力异常分离方法是最为常用的方法之一。因为重力资料中包含有各个不同深度异常体所产生的信号,所以观测数据中包含有较为严重的混叠问题。如何提取出感兴趣区域和深度的异常体,将各种不同异常信号进行分离,是一个具有实践意义的问题。许多具有针对性的算法被提出并应用于实践,取得了很好的效果。因为地下地质结构复杂性强,特别是深部的地质结构并没有被人们所清楚认识,所以该方向仍是一个活跃的、充满吸引力的研究领域。

重力反演研究是重力资料处理领域中另一活跃的研究领域,其根据重力观测数据以及先验地质条件,依据重力正演模型,通过反问题计算求解引起观测异常的地下异常体的参数。重力反演研究属于非线性复杂问题求解,所涉及的研究具有高度的不确定性。例如对于求解病态性问题的约束,对于模型参数数据计算复杂度的优化,以及对于数值求解优化算法的设计等问题,一直都是重力反演研究的热点。大量切实有效的算法被提出和应用于实际的数据解释分析中,新技术、新理论也相继在反演研究中使用,算法的精度和效率被不断的提升。

相比地球物理其他观测方法,重力方法发展的较早,理论和方法应用目前已经相对较为成熟,但由于地球科学属于复杂科学,地球深部构造和深部地质结构变化差异大、复杂性强,该领域的研究仍均有很大的吸引力。此外,重力观测特别是在深部结构研究中,干扰误差严重。例如,地球的不规则地形起伏和其他天体的引力潮影响,以及地球本身的引力潮,如:海潮和固体潮等,使得重力的精确求解计算异常的复杂和困难。随着科学技术的发展,越来越多的先进技术、理论和手段不断出现,将这些理论和方法应用于重力数据资料的处理中,解决在重力异常分离和重力反演中出现的问题。

地球内部密度不均匀与地表重力异常之间的基本关系可以通过如下形式表示:假设存在独立的内部密度均匀的异常体,采用右手笛卡儿坐标系,z坐标表示深度的变化,观测平面与基准海平面重合,γ 为标准重力常数并平行于 z 坐标,观测重力场数据包含正常场和异常场,并经过了校正(图 4.1)。其中:$\rho(r_i)$ 表示密度异常体在空间 $V \in R^3$ 中 $r_i = (x_i, y_i, z_i)$ 位置的密度;$r = (x, y, z)$ 是观测点的位置,则在重力观测数据的垂直分量可以表示为(Li

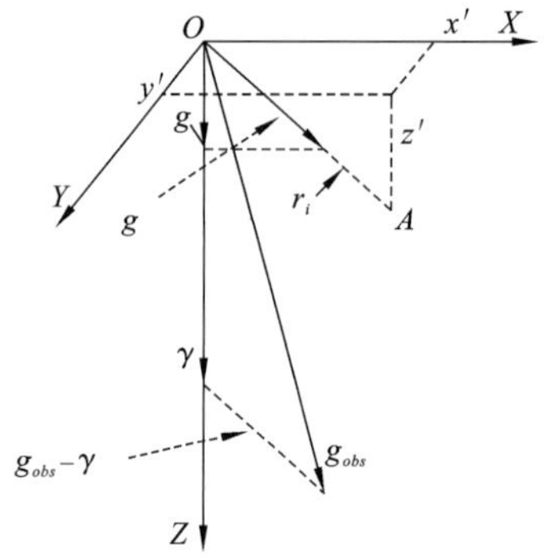

图 4.1   重力场各个分量示意图

et al. ,1998)

$$F(r) = -\gamma \int_V \rho(r_i) \frac{z_i}{\mid r - r_i \mid^3} dv \qquad (4.1)$$

函数 $K(r-r_i)$ 定义为

$$K(r-r_i) = -\frac{\gamma z_i}{\mid r - r_i \mid^3} \qquad (4.2)$$

根据对于三维重力场褶积形式的表述,将式(4.1)表示为

$$F(r) = \int_V \rho(r_i) K(r-r_i) dv \qquad (4.3)$$

重力的 3D 正演模型表明了重力观测数据和密度异常体之间是线性叠加的关系,即重力观测场是不同的异常体形成的场的叠加。这种叠加给资料的分析带来了便利的同时,也为资料的处理增加了难度。不同深度的异常体的数据所引起的频率具有一定的差异,叠加在一起形成了较为直观的异常数据表示形式。但在求取深部异常体模型参数的时候,浅层的异常叠加会对数据的分析和计算产生严重的干扰。

重力数据资料的处理,大致可以分为数据的预处理校正、异常提取和重力异常的定性和定量分析等几个处理手段。

(1)数据的预处理过程主要是消除影响重力观测的干扰成分,并提取感兴趣的数据。例如在地球深部构造研究中,重力异常数据的类型包括布格重力异常、自由空气异常和均衡重力异常。布格重力异常主要是用于研究地壳板块构造和结构。而自由空气重力异常的数值范围较大,其主要是用于研究地球深部地幔构造和地球的不规则密度分布。均衡重力异常主要是用于研究岩石圈的动力学过程。通过预处理过程可以进行数据转换和滤波,提取感兴趣的数据资料内容。

（2）误差的校正分析是数据预处理中的一个重要的环节，影响重力场观测的因素很多，例如地形起伏、引力潮等因素。此外，最新的研究表明，仪器的不精确测量本身会给重力数据带来一定的误差干扰影响。这些误差干扰会在数据的后期处理中被不断放大，严重影响求解模型的精度和质量。去除误差干扰成分，是重力数据资料处理的一个必要的过程。

（3）重力异常的分离和提取，通过一定的数据处理手段，将数据中的某个部分的异常提取出来并增强，有助于后期资料的数据处理和定性的解释分析。根据以往的数据处理研究，深层的重力异常信息相对浅层的异常的提取精度和效率较低，提取较为困难，具有更强的算法设计挑战性。

（4）重力异常数据的定性和定量解释，通过求解地球物理反问题，估计地下异常体的几何参数信息和物性信息，结合辅助的先验条件信息，约束求解中的多解性问题，可以得到相对定性分析更为详细和准确的异常体信息。

4.3　重力异常的数据处理

采用算法进行重力场数据变换，其基本的理论推导基础都是从重力场正演模型出发，依据拉普拉斯方程和位场的调和性质，例如上下延拓方法，其可以通过异常变换将观测平面换算到更高或者更低的平面上，以达到对深部或者浅部异常体更高的观测效果。

（1）通过上延拓方法，可以将观测平面向上移动，则转换后的数据中浅部异常体的特征得到一定程度的抑制，而深部异常体的特征得到较好的突出，方法常用于深部异常的提取。

（2）使用下延拓方法，将观测平面移动到感兴趣的异常体附近，可以更好地突出感兴趣异常体的边界和位置信息，得到更好的异常提取精度，方法通常用于提取浅部异常。

（3）通过异常变换方法可以消除一些干扰因素的影响，以往的研究表明：2D 解析信号方法可以更为准确地判断地下异常体的位置，规避背景场的影响；并且具有突出深部异常体的效果，其与上延拓方法类似，可以通过严格的理论推导得到。

（4）下延拓的理论推导相对较为宽松，在延拓过程中信息量的增加主要依赖于插值假设，并且由于场源深度的不确定性，数据转换会导致噪声的扩散，给数据的分析会带来不利影响。总体上，下延拓方法需要结合实际的情况使用。

　　在重力场的异常提取研究上,国内外学者提出了多种滤波方法,大致上可以分为突出浅部信息的高通滤波方法,以及提取深部异常的低通滤波方法两大类。由于重力信号的频谱范围较宽,不同频率的场源信息相互混叠在一起,具有明显的对应特征,可以使用滤波方法对其进行提取,研究不同深度的异常体的分布层次。

　　此外,一些其他类型的重力异常提取研究方法,在应用中也取得了不错的效果。例如匹配滤波方法(孙洁等,1989),维纳滤波方法(Pawlowski and Hansen,1990)以及长波滤波(侯重初,1986)等,这些方法依据深部异常和浅部异常在波数中的不同特征,对其进行划分;与信号处理在相关其他领域的应用相似,重力异常提取不存在普适算法,在各种不同情况的应用中,甚至是在相似应用场景中,算法和算法参数都需要进行自动或者人工的优化,这个部分存在很大的不确定性。目前,几乎在所有的学科范围中,都没有很好的方法和理论可以彻底解决这个问题。笔者认为,这个问题的存在是由于物理规律和自然界的系统复杂引起的。复杂的非线性系统是无法使用简单或者单一的系统所完全表达。探索普适方法并不是很好的选择,研究表明:根据具体应用的实际情况,结合可以利用的地质资料和先验信息,设置算法的处理流程和参数,往往可以得到更好的异常体提取结果。总体上,常用的异常分离算法包括:解析信号法(Mohan and Babu,1995)和欧拉反褶积法(Lindrith,1979)等。国内的学者也提出了许多相关算法,例如:水平梯度极大值法(余钦范和楼海,1994)等;重力的异常场源分离算法的原理是根据场源的数值分布性质,通过观测数据直接估计场源的深部、分布等特征信息(楼海,2001);方法对于重力资料的解释和定性分析具有很好的辅助作用。

　　在本章对重力资料的研究中,分析了各种滤波方法对于重力观测数据的处理,在重力场的物理正演模型下,讨论了盲信号滤波方法的数学模型。通过建立新的重力异常体的模型表达方法,阐述了新的模型划分方法的实际物理含义,也从数学模型角度分析了盲信号数字滤波对于观测数据处理的物理含义。以下对是盲信号重力数据处理方法的理论和算法流程的详细论述。

4.4　三维多层重力场褶积模型

　　假设存在密度异常体如图 4.2 所示,采用三维正交网格对于密度异常体进行均匀分割,分割后每个小的立方单元内部密度均匀,其中 v_i 表示第 i 个子立方体单元。假设地下埋藏的重力异常体的顶部深度为 z_1、底部的深度为 z_n。根据三维正交网格的划分,将异常体沿 z 轴将其划分为 n 个水平面,在异常体的层次划分后,保证在单层模型中 z 轴方向上异常体密度均匀。

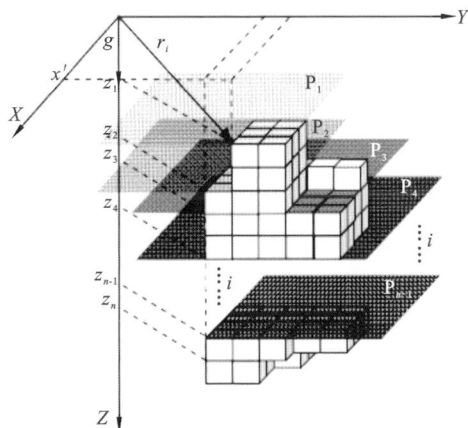

图 4.2 异常体模型划分方法

整体异常体虽然内部的密度是均匀的,但因为其异常结构通常存在非凸性,所以在垂直方向上模型会存在密度分布非均匀性,根据提出的模型异常体划分方法对单个异常体模型进行划分后,形成的多个层状异常体子模型在垂直方向上具密度分布均匀。以图 4.2 为例,P_1 层和 P_2 层分别包含有 2×3 个和 $3 \times 4 + 2$ 个立体网格单元。根据划分原则,不能将 P_1 层和 P_2 层相合并,合并形成的新层状模型在垂直方向的密度不均匀。

选择模型划分后多层模型中第 l 层模型,设其顶层深度为 z_l,模型底层深度为 $z_{l+1} - z_l$,由于模型密度均匀,将该层的函数 $K_l(r - r_i)$ 投影到 P_l 平面:

$$K_l(x - x', y - y') = \int_{z_l}^{z_{l+1}} K(x - x', y - y', -z') \mathrm{d}z' \tag{4.4}$$

同理将密度函数 $\rho_l(x', y', z')$ 投影到 P_l 平面:

$$\rho_l(x', y') = \rho_l(x', y', z') \big|_{z' = z_l} \tag{4.5}$$

类似第 l 层的投影过程,将模型中的各层经行类似的投影,假设 $z = 0$ 为测量平面,则式.(4.5)可以表示为

$$F(x, y, 0) = \sum_{l=1}^{n} \left(\iint \rho_l(x', y') K_l(x - x', y - y') \mathrm{d}x' \mathrm{d}y' \right) \tag{4.6}$$

其中:函数 $K_l(x - x', y - y')$ 是退化核函数,其也被称作冲激响应函数 IRF(implues response funciton)。理想状态下,该函数是一个标准规的单位

阵,其并不影响模型矩阵的分辨率。但在实际应用中,该函数通常是一个数值沿对角线分布的不规整矩阵。随着探测深度的增加,IRF 函数的旁瓣和函数的支撑域会快速增长,导致严重的分辨率退化效应。

模型的投影计算过程中,测量平面的选择没有特定的要求,任意平面 $P_i(1 < i < n)$ 都可以作为测量平面,但在合理范围内选择测量平面可以有效地减小计算误差。

对式(4.6)进行离散化分析,离散化后模型坐标空间为 $(u,v) \in (U,V)$,原重力场中位置坐标 (x_i,y_j) 经过离散化后坐标为 (x_u,y_v)。考虑到在数据获取和模型离散化中引入的误差和噪声,将式(4.6)表示为如下离散化的形式:

$$F(x_i,y_j) = \sum_{l=1}^{n} \sum_{u=1}^{U} \sum_{v=1}^{V} \rho_l(x_u,y_v) K_l(x_i - x_u, y_j - y_v) + n(x_i,y_j) \quad (4.7)$$

其中: $\rho_l(x_u,y_v)$ 是未知的异常体的分布密度; $K_l(x_i - x_u, y_j - y_v)$ 是第 l 层层状模型 P_l 的退化核函数 IRF。在测量平面确定的情况下,退化核函数 $K_l(x_i - x_u, y_j - y_v)$ 只由层状模型的深度决定。数据中的误差成分 $n(x_i,y_j)$ 主要由各种系统误差组成,包括各种随机噪声、测量误差、理论模型误差和离散化误差(Oldenborger et al.,2005;Wijk et al.,2002)。系统误差在势场数据获取与处理过程中是不可避免的,如正演过程。系统误差的存在直接导致了系统分辨率的退化(Zuo and Yun,2012)。

4.5　多层模型的等效映射

在实际势场数据解释应用中,已知的先验条件信息较少。因此,首先假设对地下真实的地质结构未知,由于实际的真实模型参数未知,不可能直接获取多层模型划分后的各层状地质体的退化核函数 $K_l(x_i - x_u, y_j - y_v)$。因此,我们引入了一种新的多层褶积模型等效映射方法,间接估计层状异常体的退化函数 $K_l(x_i - x_u, y_j - y_v)$。

设划分后多层模型中两个不同的层状异常体分别为 P_p 和 P_q。将 P_q 层映射到 P_p 层,根据式(4.7), P_q 层的重力场可以表示为

$$F_q(x_i,y_j) = \sum_{u=1}^{U} \sum_{v=1}^{V} \rho_q(x_u,y_v) K_q(x_i - x_u, y_j - y_v) + n(x_i,y_j) \quad (4.8)$$

Bhattacharyya 提出:密度分布函数 $\rho_q(x_u,y_v)$ 可以表示为几何结构函数 $S_q(x,y,z)$ 与密度标量的乘积形式:

$$\rho_q(x_u, y_v) = S_q(x, y, z) \cdot \rho_q$$

$$\text{where} \quad S_q(x, y, z) = 1, \quad \alpha_1 \leqslant x \leqslant \alpha_2, \beta_1 \leqslant y \leqslant \beta_2,$$
$$\gamma_1 \leqslant z \leqslant \gamma_2;$$
$$S_q(x, y, z) = 0, \quad \alpha_1 > x > \alpha_2, \beta_1 > y > \beta_2, \tag{4.9}$$
$$\gamma_1 > z > \gamma_2;$$

其中：α_i，β_i 和 γ_i 分别代表了三维棱柱结构体的各个维度上的边界；ρ_q 为 P_q 层的层状异常体的密度值。在提出的多层模型划分方法中，单层内介质的密度 ρ_q 在 z 方向上是均匀的。根据式(4.5)和式(4.9)，对几何结构函数在 z 方向投影为 $S_q(x, y, z)$，将投影后的几何构造函数带入式(4.8)可得

$$F_q = S_q(x_u, y_v)\rho_q K_q(x_i - x_u, y_j - y_v) + n(x_i, y_j) \tag{4.10}$$

根据褶积性质，将式(4.10)转换到频域，采用频域逆滤波器求取从重力场 P_q 层到 P_p 层等效映射中的等效几何函数 $S_{q'}(x_u, y_v)$ 如式(4.11)所示：

$$F'(S_{q'}(x_u, y_v)) = \frac{\rho_q}{\rho_{q'}} \left(\frac{F'(S_q(x_u, y_v)) \cdot F'(K_q(x_i, y_j)) + F'(n(x_i, y_j))}{F'(K_p(x_i, x_j)) + \varepsilon} \right) + e \tag{4.11}$$

其中：$K_p(x_i, x_j)$ 为第 P_p 层的退化核函数；$F'(\cdot)$ 表示傅里叶变换；ε 为避免除零而设置的规整化小数值；误差项 e 主要包含噪声误差 $n(x_i, y_j)$ 和滤波计算过程中产生的误差。通过采用如上所示的规整化逆滤波器，误差项 e 可以收敛为一个小值，因此在近似表达等效映射过程中忽略误差项可得

$$\rho_{q'} S_{q'}(x_u, y_v) K_p(x_i - x_u, y_j - y_v) \approx \rho_q S_q(x_u, y_v) K_q(x_i - x_u, y_j - y_v) \tag{4.12}$$

如式(4.12)所示，P_q 层的异常体通过等效映射变换映射到了 P_p 层，根据公式(4.10)和公式(4.11)，映射过程后 P_q 层异常体的密度值 ρ_q 变为 $\rho_{q'}$，该层的退化核函数 $K_q(x_i - x_u, y_j - y_v)$ 在映射后变为 $K_p(x_i - x_u, y_j - y_v)$。

实际上，退化核函数 $K_p(x_i - x_u, y_j - y_v)$ 不能被准确地估计或计算得到，退化核函数 $K_p(x_i - x_u, y_j - y_v)$ 的逆滤波过程受误差项 $n(x_i, y_j)$ 的影响，导致求解问题存在的严重病态性。几何结构函数 $S_q(x_u, y_v)$ 在等效映射为 $S_{q'}(x_u, y_v)$ 的过程中，同样存在由于误差所导致求解问题的病态性问题。

因此，针对映射求解过程中的病态性问题，在求解过程中应引入适当的规整化算法，抑制求解的病态性，以及几何结构函数 $S_{q'}(x_u, y_v)$ 的变形。关于几何函数 $S_{q'}(x_u, y_v)$ 在等效映射过程中的误差和形变问题将在后面的章节的分析中详细讨论。

根据以上提出的等效映射方法，公式(4.7)可以表达为

$$F(x_i, y_j) = \sum_{l=1}^{n} \sum_{u=1}^{U} \sum_{v=1}^{V} \rho_l' S_l'(x_u, y_v) K_h(x_i - x_u, y_j - y_v) + n(x_i, y_j) \tag{4.13}$$

其中：P_h 为总体异常场的投影层，其深度参数的选择和确定，可以参考谱方法（spectral method）所计算得到的异常体大致埋深位置。该层的退化核函数 $K_h(x_i-x_u,y_j-y_v)$ 可以通过估计 P_h 层的大致埋藏深度来确定。假设根据2.1节所提出的模型划分方法将异常体划分 n 层，$\rho_l{}'$ 和 $S_l{}'(x_u,y_v)$ 为第 l 层在等效映射变换后的密度和几何结构函数，$S_l{}'(x_u,y_v)$ 包含了该层的几何边界信息，其与 $\rho_l{}'$ 都未知。根据式（4.13），通过以上对于几何结构函数 $S_l{}'(x_u,y_v)$ 和退化误差函数 $K_h(x_i-x_u,y_j-y_v)$ 关系的建立，可以认为观测数据是关于几何结构函数和真实地质模型的函数。

4.6　重力场异常体边界提取算法

根据以上的分析，$S_l{}'(x_u,y_v)$ 函数包含了异常体的边界信息，因为求解问题的病态性，所以在求解几何结构函数方法上，研究主要采用总变分（Total Vaiant，TV）混合范数规整化反褶积方法和 Primal-Dual 优化策略求取几何结构函数 $S_l{}'(x_u,y_v)$ 和密度 $\rho_l{}'$。

总变分方法首先由 Rudin 等在他们对 ROF（rudin，oshin，and fatemi）模型的先驱研究中被提出。该规整化方法被证明在从含噪数据中恢复出不连续边界的应用中具有很好的效果。但是，采用该规整化方法在求解中会出现由于 TV 规整化项不光滑所导致的严重的求解病态性问题，给数值优化计算带来很大的困难。TV 规整化项具有高度非线性和不可导性，因此在求解欧拉方程中，采用类 Newton 方法进行全局搜索时，解通常很难收敛。因此笔者采用了 Primal-Dual 优化方法。使用 Primal-Dual 方法的主要目的是消除定义的 TV 范数规整化项 $|\nabla S_{li}|$ 高度不可导所导致的求解问题的奇异性，使求解问题在采用 Newton 优化方法求解时具有较好的收敛性质。通过在目标函数中引入附加变量来优化目标函数的可导性，引入的变量可以视为观测数据的规整向量或是水平集。

从计算角度考虑，在 ROF 模型中各种范数的 TV 规整化项在趋近于零值时具有较严重的非光滑性，这给偏导计算带来很大的干扰，因此需要在 ROF 模型中引入对偶模型，加入人工光滑参数，改善原有模型的可导性（Chan et al.，1996）。对偶模型采用了强制性约束，相比 ROF 模型的非强制性优化，对偶优化项具有二次性，相比原有模型具有较小的非线性特性。此外，为了提取到更多的异常体边界信息，在提出的算法中使用了混合规整化方法。最近相关的研究表明,l_1l_2 混合 TV 规整化项的边界提取能力要优于 l_2 范数的规整化项(Yang et al.,2010;Fu,2006)。综合以上的分析,笔者采用了基于 Primal-Dual 优化方法的 l_1l_2 混合范数 TV 规整化的反褶积异常边界精细定位方法。

根据式(4.13),将边界提取优化问题表述如下:

$$T(S) = \frac{1}{2} \| \rho S * K - F \|^2 + \alpha(|\nabla S_{l1}| + |\nabla S_{l2}|) \tag{4.14}$$

其中:* 表示褶积算子;α 是规整化项参数,用于均衡结构约束项 $\sum|\nabla S_{li}|$ 和 $\rho S * K - F$ 的数值拟合精度;$\sum|\nabla S_{li}|$ 表示混合范数 TV 规整化项的加和;$|\nabla S_{l1}|$ 和 $|\nabla S_{l2}|$ 分别定义为 1-范数规整化项和 2-范数规整化项。定义 φ_1 和 φ_2 分别为凸集 $C \subset R$ 上的两个凸函数:

$$\varphi_1(x,y) = \frac{1}{2}\psi_1(x^2 + y^2) = |\nabla S_{l2}| \tag{4.15}$$

$$\varphi_2(x,y) = \psi_2(x+y) = |\nabla S_{l1}|$$

其中:$\psi_1(t) = 2\sqrt{t+\beta}$;$\psi_2(t) = |t+\beta|$。根据 Fenchel 变换,凸函数 φ 的共轭函数可以定义为

$$\varphi^*(y) = \sup_{x \in C}\{x^{\mathrm{T}}y - \varphi(x)\} \tag{4.16}$$

Luenberger(1999)证明凸函数的共轭函数 $\varphi^*(y)$ 和它的凸集 $C*$ 分别是凸函数和凸集。凸集 $C*$ 可以表示为

$$C^* = \{y \in R \sup_{x \in C}\{x^{\mathrm{T}}y - \varphi(x)\} < \infty\} \tag{4.17}$$

在对偶优化框架下对式(4.14)进行凸分析:

$$J_1(u,v) = \sum \sup_{(u,v) \in C^*} \{(D_x S)u + (D_y S)v - \varphi_1^*(u,v)\}$$

$$J_2(u,v) = \sum \sup_{(u,v) \in C^*} \{(D_x S)u + (D_y S)v - \varphi_2^*(u,v)\} \tag{4.18}$$

其中:u 和 v 为 x,y 方向的梯度项 D_x 和 D_y 的对偶表达项,表示 Euclidean 乘积,则混合范数规整化项可以定义为

$$J_i(\boldsymbol{u},\boldsymbol{v}) = \sup_{(u,v) \in C^*} \{\langle D_x S, \boldsymbol{u}\rangle + \langle D_y S, \boldsymbol{v}\rangle - \langle \varphi_i^*(\boldsymbol{u},\boldsymbol{v}), \boldsymbol{I}\rangle\}$$

$$= \sup_{(u,v) \in C^*} \tilde{J}_i(S,\boldsymbol{u},\boldsymbol{v}) \tag{4.19}$$

where $\tilde{J}_i(S,\boldsymbol{u},\boldsymbol{v}) = \langle S, D_x\boldsymbol{u} + D_y\boldsymbol{v}\rangle - \langle \varphi_i^*(\boldsymbol{u},\boldsymbol{v}), \boldsymbol{I}\rangle \quad (i=1,2)$

其中:$\boldsymbol{u}$ 和 $\boldsymbol{v}$ 表示将变量 u 和 v 按列进行累积形成的向量;$\boldsymbol{I}$ 为单位阵。根据式(4.14)对规整化的最小二乘问题进行求解等价于求解式(4.20):

$$(\hat{S}, \hat{\boldsymbol{u}}, \hat{\boldsymbol{v}}) = \arg \min_{S} \max_{(\boldsymbol{u}, \boldsymbol{v}) \in C^{*}} \tilde{T}(S, \boldsymbol{u}, \boldsymbol{v})$$

$$\tilde{T}(S, \boldsymbol{u}, \boldsymbol{v}) = \frac{1}{2} \parallel \rho S K' - F \parallel + \alpha (J_{1}(S, \boldsymbol{u}, \boldsymbol{v}) + J_{2}(S, \boldsymbol{u}, \boldsymbol{v})) \tag{4.20}$$

同理,将变量 F 逐列累积成向量 $\boldsymbol{F}$,将退化核函数 K 表示为褶积核矩阵 $\boldsymbol{K}'$。由于式(4.20)具有非二次性,因此采用非线性迭代的数值优化方法,在非线性的优化过程中,对于冲激响应退化过程进行了线性近似(Oldenborger and Routh,2009;Vogel,2002),近似过程如式(4.21)所示:

$$\tilde{\boldsymbol{T}}(m_{i} + \Delta m) =$$

$$\tilde{\boldsymbol{T}}(m_{i}) + \langle \mathrm{grad}(\tilde{\boldsymbol{T}}(m_{i})), \Delta m \rangle + \frac{1}{2} \langle \mathrm{Hess}(\tilde{\boldsymbol{T}}(m_{i})) \Delta m^{\mathrm{T}}, m_{i} \rangle + O(\parallel \Delta m \parallel^{2}) \tag{4.21}$$

忽略误差近似项 $O(\parallel \Delta m \parallel^{2})$,因为异常体内部的密度值 ρ 均匀恒定,模型划分后各个单层的密度值相同,所以未知标量参数 ρ 的估计误差不会对几何结构函数的优化求解过程产生较大的影响,在以下计算优化过程中将其忽略。将参数 $(S_{i}, \boldsymbol{u}_{i}, \boldsymbol{v}_{i})$ 简略表示为 m_{i}。假定 Hess 矩阵 $\tilde{T}(m_{i})$ 是正定的,则 $\tilde{\boldsymbol{T}}(m_{i} + \Delta m)$ 存在唯一解并满足

$$\mathrm{grad}(\tilde{\boldsymbol{T}}(m_{i})) + \mathrm{Hess}(\tilde{\boldsymbol{T}}(m_{i})) m_{i} = 0 \tag{4.22}$$

为求解式(4.20),根据式(4.22)求取主变量 S 的一阶偏导

$$\partial \tilde{T}(S, \boldsymbol{u}, \boldsymbol{v}) / \partial S = \boldsymbol{K}'^{\mathrm{T}}(\boldsymbol{K}' S - F) + \lambda (D_{x} \boldsymbol{u} + D_{y} \boldsymbol{v}) \tag{4.23}$$

同理,对式(4.20)中的对偶变量 u 和 v 进行求导,假定函数 φ 在集合 $\varphi \in R$ 上可导,并且 φ 具有 Frechet 可导性,满足 $\mathrm{grad}(\varphi^{*}) = \mathrm{grad}^{-1}(\varphi)$,则可得

$$J(S, \boldsymbol{u}, \boldsymbol{v}) = \sum_{i} J_{i}(S, \boldsymbol{u}, \boldsymbol{v})$$

则

$$\frac{\partial J(S, \boldsymbol{u}, \boldsymbol{v})}{\partial \boldsymbol{u} \partial \boldsymbol{v}} = \partial \left(2((D_{x}S)\boldsymbol{u} + (D_{y}S)\boldsymbol{v}) - \sum_{i} \varphi_{i}^{*}(\boldsymbol{u}, \boldsymbol{v})\right) / \partial \boldsymbol{u} \partial \boldsymbol{v}$$

$$= 2((D_{x}S), (D_{y}S)) - \sum_{i} \varphi_{i}^{*}(\boldsymbol{u}, \boldsymbol{v}) / \partial \boldsymbol{u} \partial \boldsymbol{v}$$

$$= 2((D_{x}S), (D_{y}S)) - (1/\psi_{1}'((D_{x}S)^{2} + (D_{y}S)^{2}) + 1/\psi_{2}'((D_{x}S) + (D_{y}S)))(\boldsymbol{u}, \boldsymbol{v}) \tag{4.24}$$

将 $\psi_{1}'(\cdot)$ 和 $\psi_{2}'(\cdot)$ 简写为 ψ_{1}' 和 ψ_{2}'。将所有变量的一阶偏导表示如下:

$$T_1 = D_x S - (\boldsymbol{u}/2\psi'_1 + \boldsymbol{u}/2\psi'_2) = 0;$$
$$T_2 = D_y S - (\boldsymbol{v}/2\psi'_1 + \boldsymbol{v}/2\psi'_2) = 0; \qquad (4.25)$$
$$T_3 = K'^{\mathrm{T}}(K'S - F) + \alpha(D_x \boldsymbol{u} + D_y \boldsymbol{v}) = 0$$

则对式(4.25)求导可得

$$G = (1/\psi'_1 + 1/\psi'_2)(u+v) - 4(D_x S + D_y S) + K'^{\mathrm{T}}(K'S - F) + \alpha(D_x \boldsymbol{u} + D_y \boldsymbol{v})$$

$$\partial(G)/\partial \boldsymbol{u} = (1/\psi'_1 + 1/\psi'_2) + \alpha D_x^{\mathrm{T}}$$

$$\partial(G)/\partial \boldsymbol{v} = (1/\psi'_1 + 1/\psi'_2) + \alpha D_y^{\mathrm{T}} \qquad (4.26)$$

$$\partial(G)/\partial S = ((1/\psi'_1 + 1/\psi'_2))'(\boldsymbol{u} + \boldsymbol{v}) - 4(D_x + D_y) + \boldsymbol{K}'^{\mathrm{T}} \boldsymbol{K}'$$

其中:

$$((1/\psi'_1 + 1/\psi'_2))' = -2(D_x S + D_y S)\psi''_1/(\psi'_1)^2 + (D_x + D_y)\psi''_2/(\psi'_2)^2$$

根据 $\partial G(u,v,S)/\partial u \partial v \partial S = -G(u,v,S)/(\Delta u, \Delta v, \Delta S)$ 可得

$$\Delta \boldsymbol{u} = -\boldsymbol{u} + (1/\psi'_1 + 1/\psi'_2)^{-1}(D_x S - (((1/\psi'_1 + 1/\psi'_2))'S - D_x)\Delta S)$$

$$\Delta \boldsymbol{v} = -\boldsymbol{v} + (1/\psi'_1 + 1/\psi'_2)^{-1}(D_y S - (((1/\psi'_1 + 1/\psi'_2))'S - D_y)\Delta S)$$

$$\Delta S = (\boldsymbol{K}'^{\mathrm{T}}\boldsymbol{K}' + \alpha H)^{-1}\boldsymbol{K}'^{\mathrm{T}}(\boldsymbol{K}'S - F) - \alpha D_x^{\mathrm{T}}(1/\psi'_1 + 1/\psi'_2)^{-1}D_x S$$
$$\qquad - \alpha D_y^{\mathrm{T}}(1/\psi'_1 + 1/\psi'_2) - 1 D_y S \qquad (4.27)$$

$$H = D_x(1/\psi'_1 + 1/\psi'_2)^{-1}(((1/\psi'_1 + 1/\psi'_2))'S - D_x)$$
$$\qquad + D_y(1/\psi'_1 + 1/\psi'_2)^{-1}(((1/\psi'_1 + 1/\psi'_2))'S - D_y)$$

对偶变量约束在共轭集 $(\boldsymbol{u},\boldsymbol{v}) \in C*$ 范围中,根据 Newton 优化方法可得

$$u_{i+1} = u_i + \tau \Delta u;$$
$$v_{i+1} = v_i + \tau \Delta v; \qquad (4.28)$$
$$S_{i+1} = S_i + \tau \Delta S$$

其中:参数 τ 控制数值优化迭代的步长。

$$\tau = \max\{0 \leqslant \tau \leqslant 1 | (\boldsymbol{u}_{i+1}, \boldsymbol{v}_{i+1}) \in C^*\} \qquad (4.29)$$

在重力场数据反褶积计算中,矩阵 $\boldsymbol{K}'^{\mathrm{T}}\boldsymbol{K}'$ 不存在稀疏表达形式。假设矩阵 $\boldsymbol{S}$ 的大小为 $M \times M$,则矩阵 $\boldsymbol{K}'$ 的大小为 $M^2 \times M^2$,因此,在求解算法中直接计算矩阵在计算空间复杂度上是不可行的。尽管一些算法可以通过例如 Teoplitz 矩阵变换的方法减小计算的复杂度,但通过傅里叶变换后,数据中的噪声误差通常会在计算中扩散,在通过规整化项抑制噪声扩散的同时,会光滑模型中的异常体边界信息,从而降低了模型的计算精度。根据求解问题和矩阵的特点,本章采用一种全新的数据分割方法,在数据的空间域内将矩阵 $\boldsymbol{S}$ 按行和列分别进行累积,形成两个一维的向量 $\boldsymbol{S}_{row}$ 和 $\boldsymbol{S}_{col}$ 再分别进行处理。对整体数据进行按行和按列的累加后,形成一维向量的数据量仍然较大。因

此,在算法处理中将得到的向量再进行分段的分割,将其分割为数据量较小的等分数据向量。数据试验显示,方法可以有效地恢复异常体的精确边界,压制数据中存在的系统误差,算法具有较高的运算效率。

4.7　IRF 函数估计和估计误差分析

在多层模型划分中,假设每一层中的密度分布是均匀的。但在实际中,因为可以使用较为精细的网格对异常体进行层次划分,所以对于一个不规则的异常体,在层次划分后,单一层中密度均匀分布条件假设通常可以被满足,并且因为算法最终只求取在 xy 平面上的边界信息,所以本章所阐述的反褶积算法,在理论分析上,没有对真实结构体进行过多的近似假设。

因为在进行地质勘探重力探测中,异常体精确的埋藏深度等信息通常是未知的,可以直接根据式(4.4)计算估计 IRF 是不可行的。并且,因为受系统误差等因素的影响,实际测量数据中包含的 IRF 存在不确定性,所以即使在已知异常体模型参数的条件下,也不可能准确的估计出 IRF。

除采用谱方法估计真实地质体的深度外,还可以对地质结构体参数进行直接经验估计,使用非精确 IRF 函数作为算法的输入。根据专家经验和初步的资料解释得到的一些不精确异常体信息,如异常体埋深、异常体范围等参数可以用来求解近似非精确的 IRF,在一定程度上可以满足本算法的需求。例如,选取埋藏深度最深的异常体分割层面作为目标投影平面,算法在迭代过程中,可以保持埋藏深度较浅的异常体的边缘的高频信息,并且这些高频信息不会扩散和放大。因此,可以在目标映射面选取中选择深度较深的层面作为目标映射层面。在此不精确的先验条件信息下进行的反褶积,是一种半盲的反褶积,本章将着重讨论这种半盲反褶积算法收敛性和误差。在理论上,任意层面可以被选择作为目标映射层面,目标映射层面的选择与整体算法无关。此外,通过试验分析得出,目标映射层面的不同选择对于算法提取的异常体边界精度的影响并不大。

4.8　基于半盲反褶积的势场数据处理

函数 IRF(K_l)可通过深度参数 z_l 计算得到,尽管在半盲反褶积中,IRF

是通过专家经验以及相关资料对地质异常体的埋藏深度进行估计,但在实际的应用中,在没有相关地质资料辅助的情况下,对于异常体埋藏深度这样的先验信息也是很难估计的。另一方面,由于划分后各层地质体在 z 方向上是均匀的,对于异常体深度参数的范围 $[z_{\min}, z_{\max}]$ 的估计相对于直接估计深度参数 z_l 较为容易实现。因此笔者提出通过估计异常体深度参数的范围 $[z_{\min}, z_{\max}]$ 半盲反褶积算法,其中 $z_{\min}$ 和 $z_{\max}$ 分别为异常体可能埋藏的最小和最大深度。

由此,针对以上阐述的半盲反褶积问题,提出一种改进的 Primal-Dual 迭代优化算法。算法将求解问题的求解分为了两个子问题,因此,改进半盲反褶积优化算法含有两个交替进行的子步骤:

(1) 假设 IRF(K) 已知,公式(4.14)变量 S 未知,求解问题等同于 4.4 节所描述的问题。

(2) 假设几何结构函数 S 已知,公式(4.14)中 IRF 未知,采用最小二乘方法对其进行求解,如公式(4.30)所描述。

$$\hat{\boldsymbol{K}}' = \arg \min_{K'} \widetilde{\boldsymbol{T}}(\boldsymbol{K}')$$
$$\widetilde{\boldsymbol{T}}(\boldsymbol{K}') = \frac{1}{2} \parallel \rho \boldsymbol{S}\boldsymbol{K}' - F \parallel + \alpha(J_1(S, \boldsymbol{u}, \boldsymbol{v}) + J_2(S, \boldsymbol{u}, \boldsymbol{v})) \tag{4.30}$$

采用滞后定点迭代算法(Vogel et al,1996)对公式(4.30)进行求解计算。求其一阶偏导形式如下:

$$g_i = \partial \widetilde{\boldsymbol{T}}(\boldsymbol{K}') / \partial \boldsymbol{K}' = \boldsymbol{S}^{\mathrm{T}}(\boldsymbol{K}'_i S - F) \tag{4.31}$$

根据公式(4.31),可得 Hess 矩阵形式 $\boldsymbol{H} = \boldsymbol{S}^{\mathrm{T}}\boldsymbol{S}$,则得到

$$\tau_i = -\boldsymbol{H}^{-1}g_i$$
$$\boldsymbol{K}'_{i+1} = \boldsymbol{K}'_i + \tau_i \tag{4.32}$$

其中:模型深度范围参数 $[z_{\min}, z_{\max}]$ 约束 IRF $\boldsymbol{K}'$ 的解边界范围如下:

$$\boldsymbol{K}'_i = \begin{cases} \boldsymbol{K}'_i & \text{当} \quad \min(\mathrm{grad}(\boldsymbol{K}'_{z_{\min}})) < \min(\mathrm{grad}(\boldsymbol{K}'_i)) \\ & \& \ \max(\mathrm{grad}(\boldsymbol{K}'_{z_{\max}})) > \max(\mathrm{grad}(\boldsymbol{K}'_i)) \\ \boldsymbol{K}'_{z_{\min}} & \text{当} \quad \min(\mathrm{grad}(\boldsymbol{K}'_i)) < \min(\mathrm{grad}(\boldsymbol{K}'_{z_{\min}})) \\ \boldsymbol{K}'_{z_{\max}} & \text{当} \quad \max(\mathrm{grad}(\boldsymbol{K}'_i)) > \max(\mathrm{grad}(\boldsymbol{K}'_{z_{\max}})) \end{cases} \tag{4.33}$$

其中: $\boldsymbol{K}'_{z_{\min}}$ 和 $\boldsymbol{K}'_{z_{\max}}$ 分别为最小深度 $z_{\min}$ 和最大深度 $z_{\max}$ 下的 IRF。

IRF 的数值分布随着深度参数 z_l 的变化而规则变化,IRF 的梯度最大值 $\max(\mathrm{grad}(\cdot))$ 随着深度的增加而逐渐减小,通过使用式(4.33)对于 IRF 的

数值分布进行约束,保证在半盲反褶积算法对于 IRF 的求取中,解始终在合理范围内,并具有明确的实际物理意义。

4.9　算法收敛性分析

基于 Primal-Dual 迭代的混合 TV 范数迭代优化算法源于 Knud 等和 Chan 等对于欧拉范数最小化的研究。Chan 等使用 Newton 方法采用 Primal-Dual 策略去求解 ROF 模型,算法证明具有较快的二次收敛速度和较高的解精度。近期相关的研究表明,采用 Primal-Dual 算法优化策略求解 TV 规整化等鞍状问题具有较好的全局收敛性(He and Yuan,2012)。其在紧致模型框架下分析了 Primal-Dual 算法的全局收敛性。研究认为在有先验条件支持下,算法的内参数的调整范围可以适当的增大。在此研究之前,一些 Primal-Dual 算法被应用于一些非线性问题的求解,研究证明 Primal-Dual 算法针对非线性问题的求解收敛性较好(Chambolle and Pock,2011;Combettes et al.,2010;Esser et al.,2010;Zhang et al.,2010)。

如何在算法迭代过程中对估计模型和估计 PSF 的精确度进行度量,是盲反褶积算法一直以来研究的难点之一,尽管目标函数的残差随着迭代的进行而不断的减小,但较小的目标函数残差并不能说明更高的估计模型精度,模型有可能会在迭代中迅速的衰减,而残差保持持续的递减趋势。虽然最小残差通常在反褶积算法的迭代终止条件中被考虑,但事实上许多的反褶积算法的终止条件的设定都依赖于人眼视觉对于模型的评价(Siripunvaraporn et al.,2005;Kundur and Hatzinakos,1996)。在笔者的研究中,考虑了模型过迭代问题,残差参数只作为迭代终止判断条件之一,而不作为唯一的条件。Almeida 与 Almeida 曾提出采用 SNR(signal-to-noise ratio)作为反褶积算法的终止条件,为了防止噪声的扩散导致模型的退化,最佳的迭代次数通过在模型细节和噪声之间平衡确定。但在实际的应用中,观测数据的信噪比很难在算法处理开始前确定,因此该方法不适用。

综合考虑以往的研究,笔者提出了多迭代终止准则方法来确定算法最终的迭代步骤,算法在满足多个迭代终止准则中的任意一项时,算法迭代终止,模型结果输出。第一项迭代终止准则是判断目标函数残差是否满足残差阈值设定 $Residual\ Value < Tol.$,第二项迭代终止准则是判断估计模型的数值范围是否溢出模型范围设定的上下界 $m_{estimated} \in [m_{Lower}, m_{Upper}]$,输出模型的数

值范围应在合理范围内,如果超出合理范围,则说明噪声开始扩散,模型已经开始退化。第三项迭代终止准则是通过专家肉眼在视觉上判断每次迭代输出的模型。人眼视觉具有高度的复杂性和先进性,其机理和过程至今仍然未被完全的理解和掌握,对其的研究是计算机机器视觉领域研究的热点。人类视觉可以根据经验准确地分辨出估计模型中的模型信息和噪声信息,在此方面的效率和精度相比要高于目前的计算机的研究水平(Suryanarayanan et al.,2004)。因此,将人眼视觉的判断作为反褶积算法终止条件的判断标准之一,其可以在算法运行中准确地观测到模型中异常体模型边界的提取情况,以及噪声扩散退化效应的发展。通常观测数据不会含有明显的高频噪声,例如椒盐噪声和有色噪声。算法在试验运行中此类噪声不会产生明显的影响。

4.10　基于盲信号方法的重力数据处理分析

在本节中,进行了一维和二维的试验验证,根据以上提出的盲信号算法提取地下异常体的边界,分析重力场数据中存在的系统误差成分,验证所提出的盲反褶积和半盲反褶积异常体边界提取算法的有效性。

4.10.1　一维重力数据盲信号处理

通过一维的仿真数据来测试算法,仿真异常体模型如图 4.3 所示,一个剩余密度为 $0.3\,\mathrm{g/cm^3}$ 的高密度异常体埋藏在一个均匀半空间中,异常体的顶板和底板的埋藏深度分别为 200 m 和 600 m。

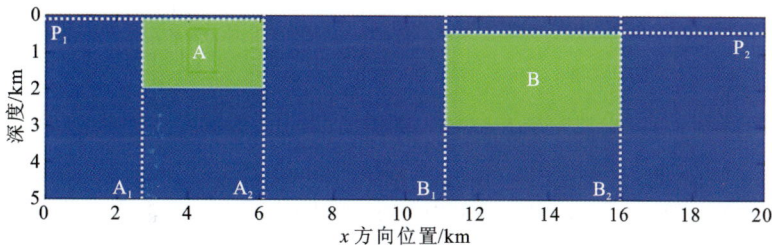

图 4.3　仿真模型

该异常体模型的仿真重力观测数据如图 4.4 所示,数据中加入了 2% 最大数据幅值的高斯噪声（虚线）。

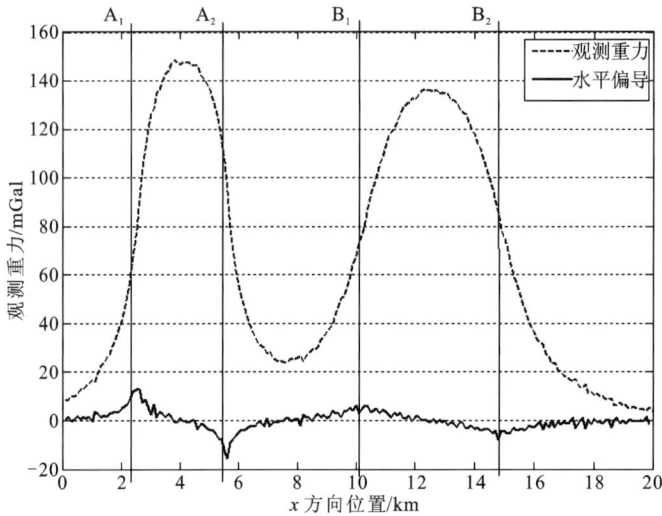

图 4.4   1D 仿真模型观测数据（虚线），观测数据的水平偏导（实线）

A$_1$ 和 A$_2$ 是仿真浅部模型的真实边界，B1 和 B2 是仿真深部模型的真实边界

对观测数据的水平方向偏导的计算，可以较好的显示出数据中模型大致边界。因为观测数据对于异常体的相应曲线相对较为平滑，所以在噪声的干扰下，数据的水平方向的偏导模型（实线）没有非常清晰的显示出异常体的边界特征，这给后期的数据资料的解释带来了一定的困难。

根据所建立的仿真异常体模型参数，计算 P$_1$ 和 P$_2$ 平面的 IRF 如图 4.5 所示。

根据计算求得的 IRF 以及提出的反褶积算法，对观测数据进行计算，由于算法求解过程中存在病态性问题，根据最小误差准则对 TV 规整化参数进行选取，规整化参数 $\alpha = 0.4826$。算法求解结果如图 4.6 所示。

与原有观测数据相比，通过提出的盲反褶积算法处理后，提取的异常体的边界明显相对更为清晰和锐利，数据中的噪声和退化干扰被较好的压制了。试验采用 P$_2$ 平面作为目标映射平面。因此，异常体模型 B 的处理精度要高于异常体 A 的处理精度，如图 4.6 所示，在处理结果中异常体 A 的边界不存在显著的计算误差。

试验表明，不同层次之间的 IRF 映射误差并不明显。图 4.7 比较了处理后数据和原数据的水平偏导模型，处理后数据中模型的边界异常特征明显，探测异常体位置准确。算法可以较为精确的确定异常体的边界位置。

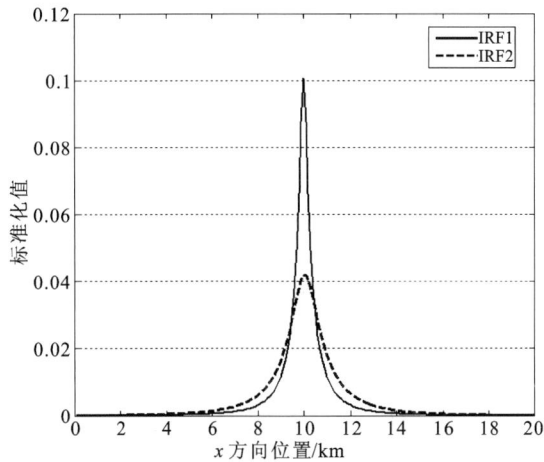

图 4.5 P_1 和 P_2 层面的 IRFs，IRF1(实线)是 P_1 层面的 IRF，IRF2(虚线)是 P_2 层面的 IRF

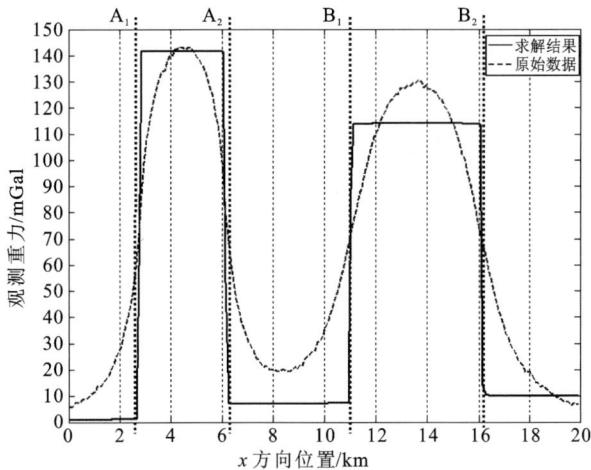

图 4.6 滤波后的数据(实线)和原始观测数据(虚线)

4.10.2   一维重力数据盲信号处理误差分析

研究表明,有两大类误差对于反褶积算法有较大的影响。第一类,主要包括各种系统误差,其主要来源于数据的采集、数据的离散化和正、反演计算过程。同样,系统误差也存在于以上所讨论的仿真试验中,其对于 IRF 的估计也有较大的影响。对图 4.3 的仿真模型进行分析,讨论求解问题病态性对于反褶积算法的影响。

异常体 A 和 B 的二维观测数据如图 4.8 所示。

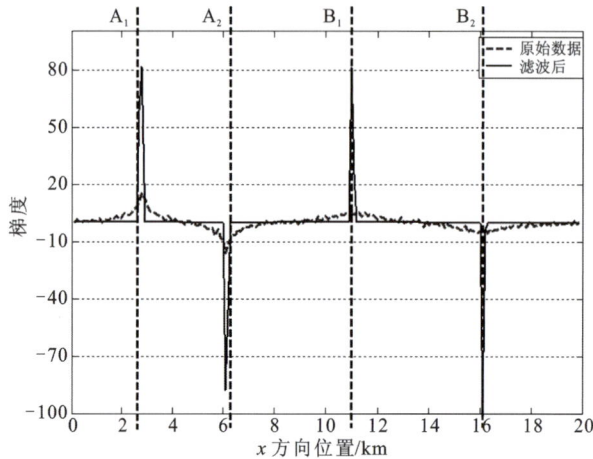

图 4.7   观测数据(绿色虚线)和滤波后数据(黑色实线)的水平偏导对比

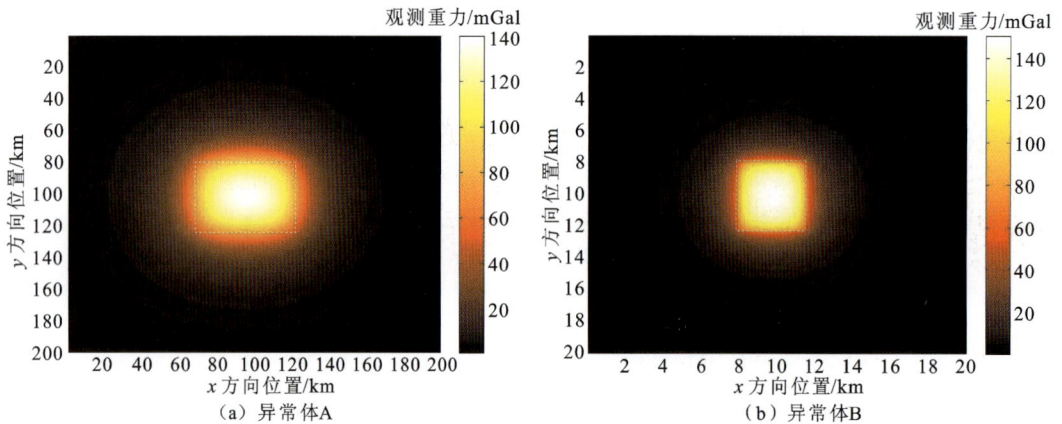

图 4.8   仿真异常体的 2D 观测数据

为了分析除噪声外的系统误差对于试验结果的影响,在分析中没有加入噪声,根据求取的观测数据和仿真的异常体模型参数,采用 Wiener 滤波器,求取两个异常体的 IRF 如同 4.9 所示。

对比图 4.9 的 IRF 计算结果和图 4.5 直接根据仿真异常体模型和正演计算得到的 IRF,可以看出图 4.9 中 IRF 的计算受一系列系统误差的影响,两种计算方法得到的 IRF 存在明显的差异。由此可知,即使在已知真实模型的情况下,仍然无法完全估计出精确的 IRF。

尽管估计的 IRF 是不精确的,并且求解的问题存在病态性,但是通过选择适当的反褶积求解算法和规整化算法,仍然可以有效地抑制误差和病态性问题对于求解过程的影响。以对于类似反问题求解方面的研究也有相似的研究结

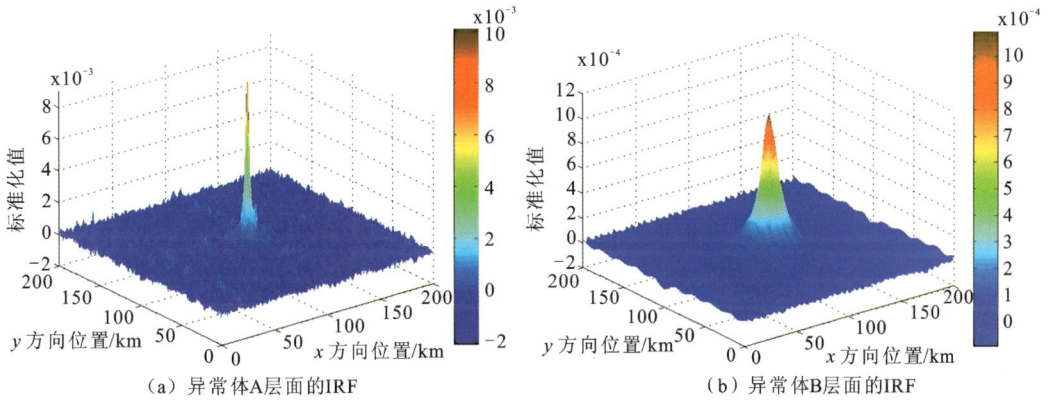

（a）异常体A层面的IRF

（b）异常体B层面的IRF

图 4-9　各异常体层面的 IRFs

论（Liu，2012；Sergei and Eberhard，2005）。

　　第二类有较大影响的误差是多层模型在映射过程中引入的映射误差，映射误差包括两个部分：投影误差 e（式（4.11））和几何结构函数 $S_q(x,y,z)$ 的投影误差。通常，误差 e 随着优化算法的迭代次数的增加逐渐趋向于零，而几何结构函数 $S_q(x,y,z)$ 的投影误差可以通过优化反褶积算法和规整化方法而得到抑制。为了证明算法优化和规整化方法的作用，在试验中采用无规整化的维纳滤波器和 Maximum a Posterior Probability（MAP）反褶积滤波器来验证规整化项和算法对于两种误差的作用。

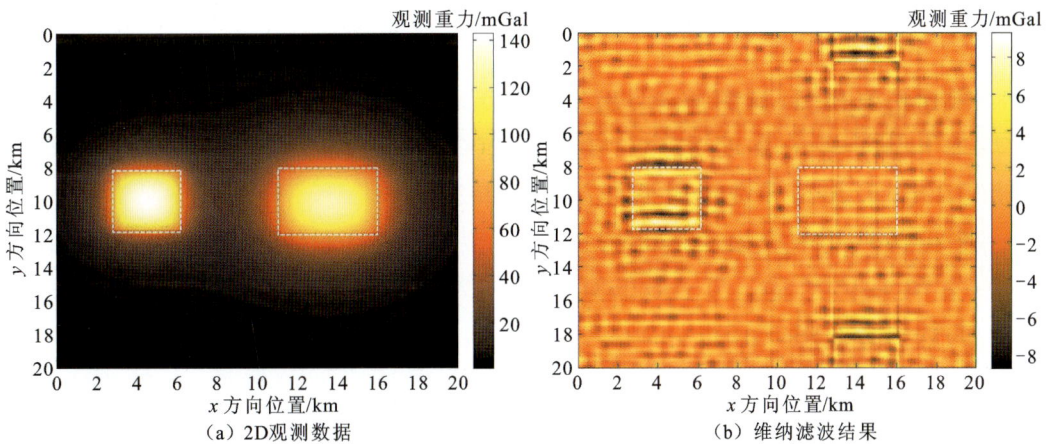

（a）2D观测数据

（b）维纳滤波结果

图 4.10　图 4.3 所示模型的 2D 观测数据和维纳滤波的结果

　　图 4.10 中的虚线矩形框指示了两个异常体的实际位置，维纳滤波器的结果被扩散的噪声所影响，由于没有规整化项抑制噪声，模型中的异常体边界信息被噪声引起的退化迅速破坏。

如图 4.11 所示,与大多数反褶积算法类似,MAP 算法在处理信号过程中相对较多的增强高频信号成分,稳定低频信号成分。因此,在使用该方法对重力场观测数据进行处理时,低频的深部异常体的信号不能被很好地增强。但与以上无规整化项的算法比较,采用含有规整化项的算法处理的数据没有明显受到噪声的影响。试验表明,采用规整化项的反褶积算法对于数据中存在的误差,以及 IRF 的估计误差都有较好的压制作用。

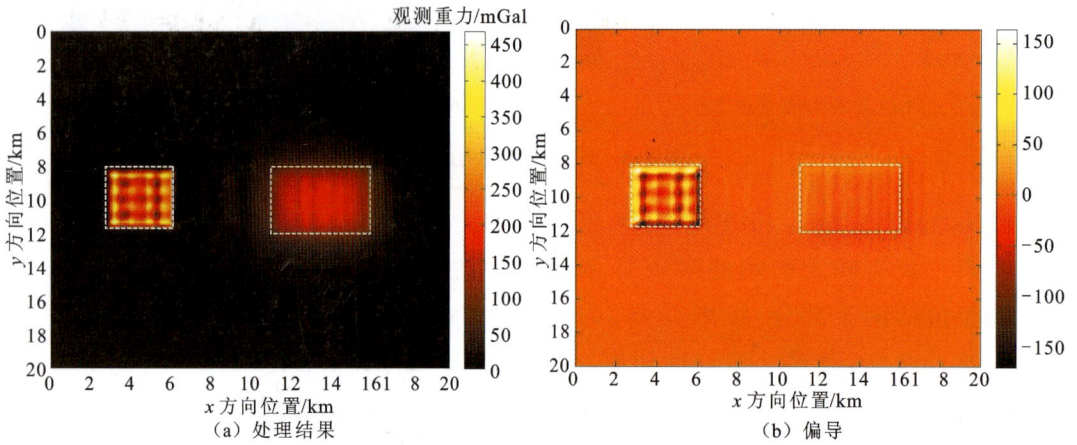

图 4.11　MAP 算法的处理结果和 MAP 算法的处理结果的偏导

4.10.3　二维势场数据盲信号处理

根据仿真模型(如图 4.12)所示,采用提出的算法对仿真数据进行处理。在均匀半空间中,在深度 10 m,500 m,1 000 m 分别埋藏了三个异常体,剩余密度为 0.3 g/cm³,异常体在垂直方向延伸 2 km。

根据仿真异常体模型和重力正演模型,计算异常体的重力观测数据和 IRFs 如图 4.13 所示。与一般的真实观测数据相似,观测数据的具有空变非均匀的数值分布形式。

根据式(4.13)及仿真的异常体模型,可以计算划分层面 P_3 的 IRF,从 IRF 计算的可行性上分析,根据估计的异常体深度,计算 IRF 较为方便和精确,单独根据观测数据计算,由于观测数据存在空变性,计算的难度较大。

将 P_3 层面作为投影层面,采用提出的算法对观测数据进行处理。为了观察系统误差对于算法的影响,所以在该项试验中先没有加入噪声(图 4.14)。

（a）x-z剖面

（b）x-y剖面

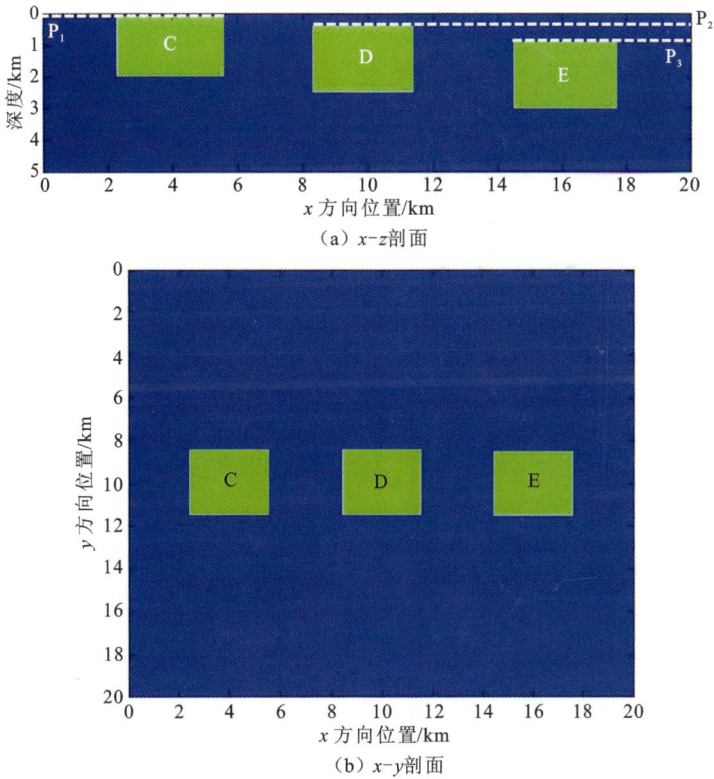

图 4.12 密度异常体仿真模型剖面

因为采用异常体 E 的层面 P_3 作为映射目标层面，所以对于异常体 E 的滤波边界（$S_{E'}(x,y,z)$）具有较高的精度。尽管其他的异常体滤波结果（$S_{C'}(x,y,z)$，$S_{D'}(x,y,z)$）中包含有相对较多的误差，但大部分由于映射过程和计算产生的系统误差都已被规整化算法在优化过程中抑制。与真实模型相比，滤波后模型异常体 C 和 D 的边界有少许"收缩"，但"收缩"的范围并不大，误差相对较小可忽略。

在进一步的试验中，在观测数据中加入了高斯随机噪声，信噪比（SNR＝30），如图 4.15（a）所示。在重磁数据处理中，数据的水平方向的偏导通常被用来显示异常体数据的边界，所以对算法数据的滤波结果图 4.15（b）计算其水平方向的偏导，计算结果如图 4.15（d）所示，其较为精确的指示了异常体的实际边界。作为对比试验，图 4.15（c）显示了对观测数据直接进行水平方向偏导的计算，其结果未能准确的显示出各个异常体的准确边界，其中最深的异常体 E 的边界信息在处理中丢失。采用"Sobel"边界提取算子对以上结果进行处理，结果如图 4.15（e）和图 4.15（f）所示。

（a）不含噪观测数据

（b）异常体C在P₁层的冲激函数

（c）异常体D在P₂层的冲激函数

（d）异常体E在P₃层的冲激函数

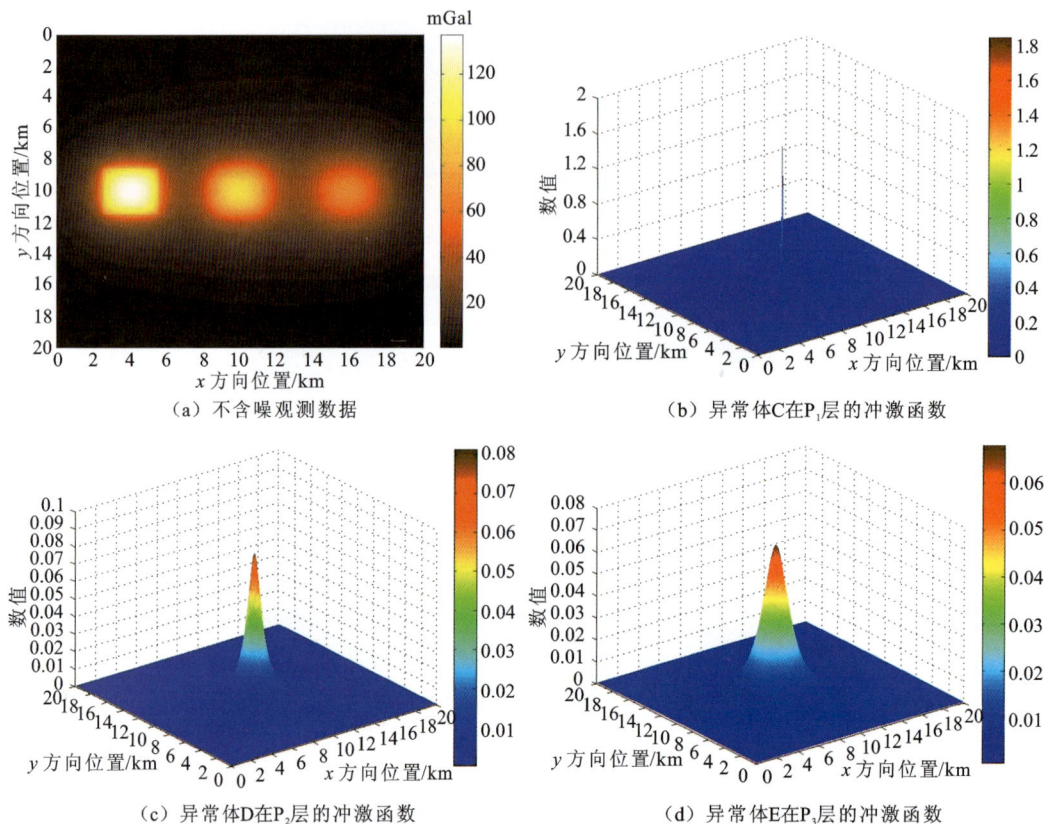

图 4.13　仿真模型重力场观测数据

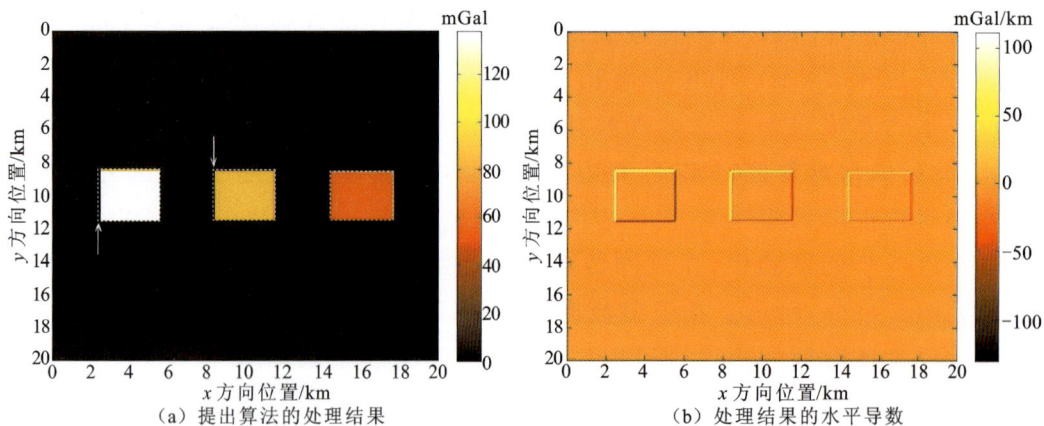

（a）提出算法的处理结果

（b）处理结果的水平导数

图 4.14　无噪数据的盲信号方法

进一步将提出的算法，与传统的重磁信号边界提取方法如 total horizontal derivative，analytical signal 等方法的处理结果进行对比分析，结果

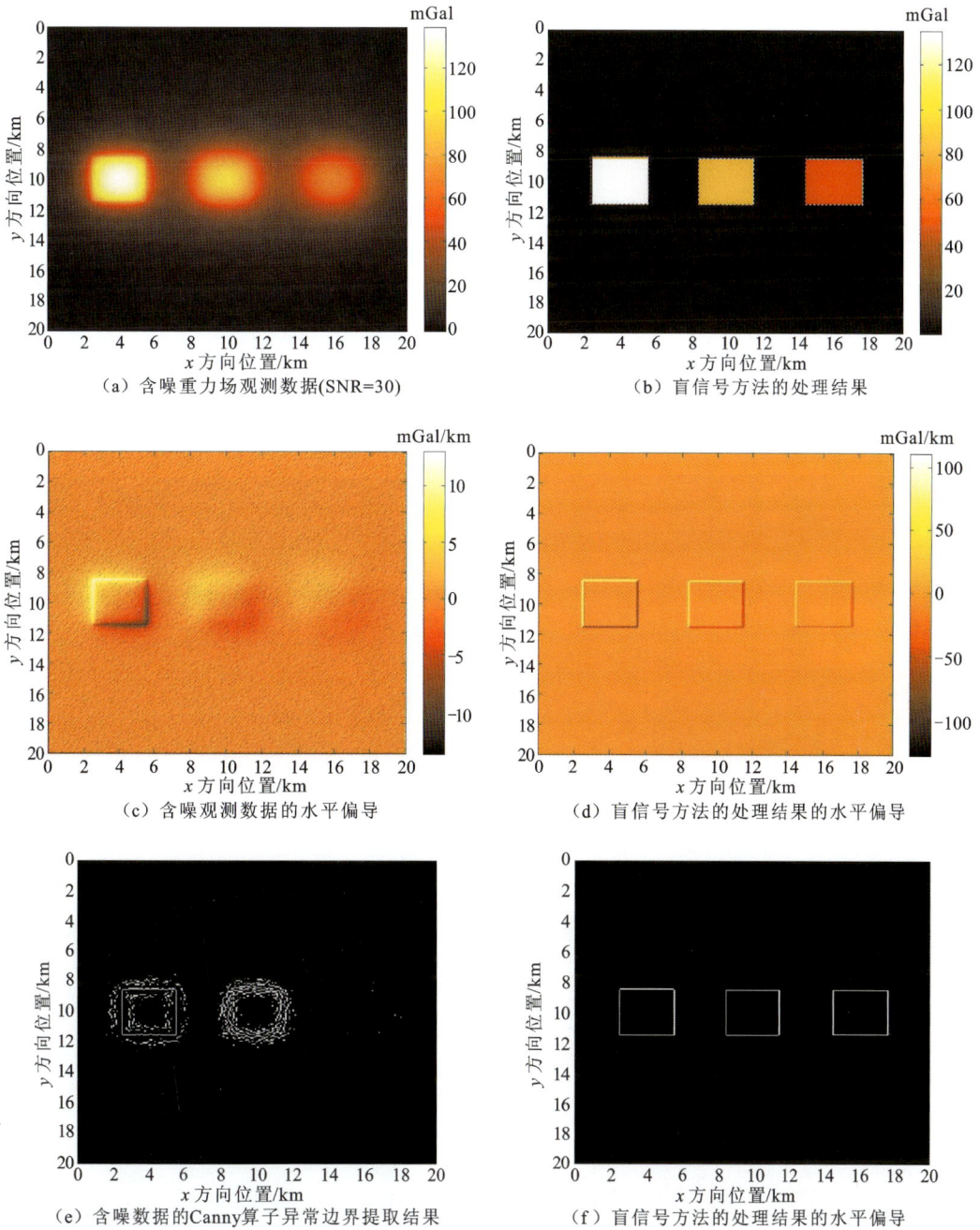

（a）含噪重力场观测数据(SNR=30)　　　　（b）盲信号方法的处理结果

（c）含噪观测数据的水平偏导　　　　（d）盲信号方法的处理结果的水平偏导

（e）含噪数据的Canny算子异常边界提取结果　　（f）盲信号方法的处理结果的水平偏导

图 4.15　含噪重力场观测数据（SNR＝30）的数据

如图 4.16 所示。

图 4.16 显示了各种方法对于仿真模型观测数据的处理结果,其中还包括

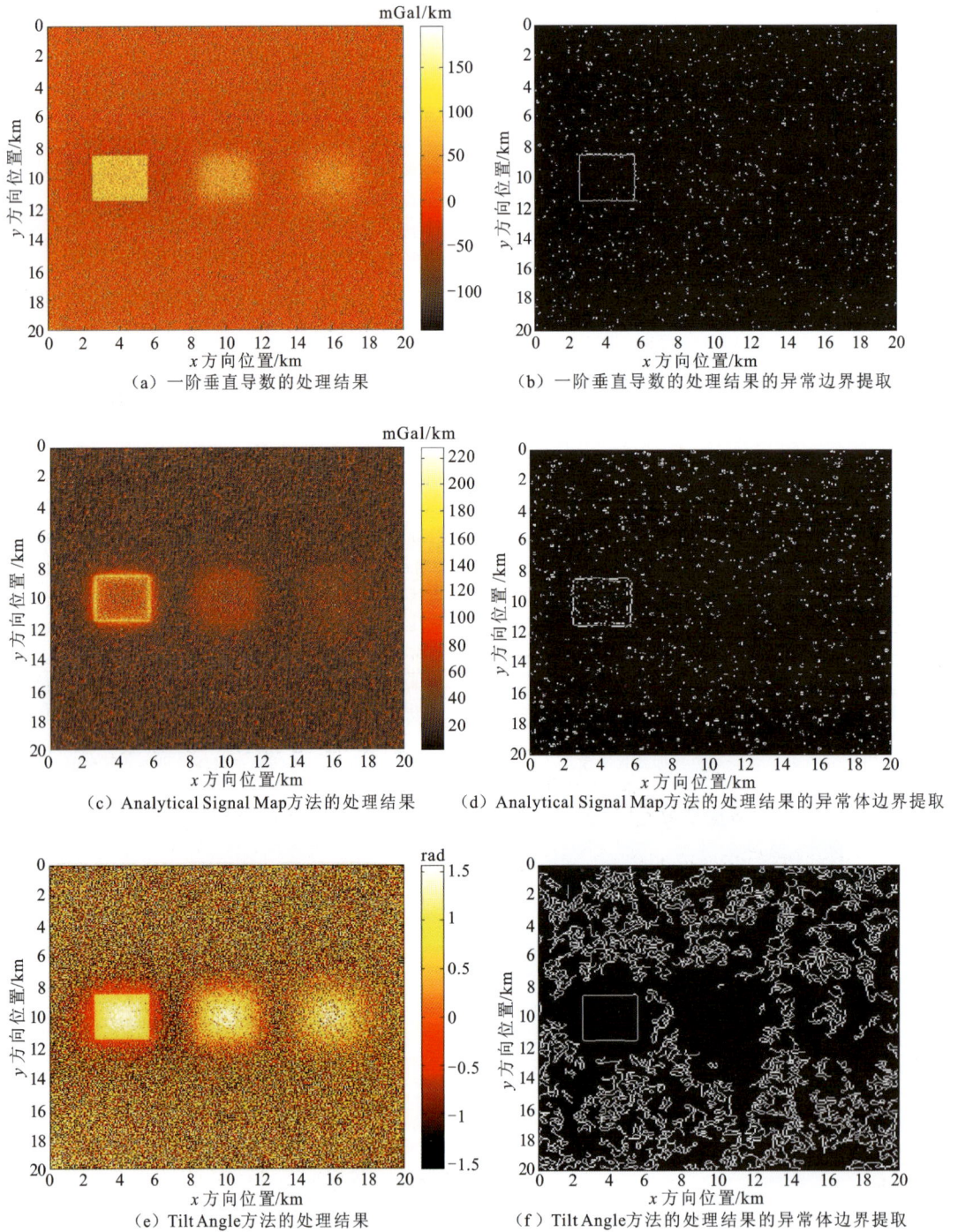

（a）一阶垂直导数的处理结果

（b）一阶垂直导数的处理结果的异常边界提取

（c）Analytical Signal Map方法的处理结果

（d）Analytical Signal Map方法的处理结果的异常体边界提取

（e）Tilt Angle方法的处理结果

（f）Tilt Angle方法的处理结果的异常体边界提取

图 4.16　常见的势场数据算法的处理结果对比

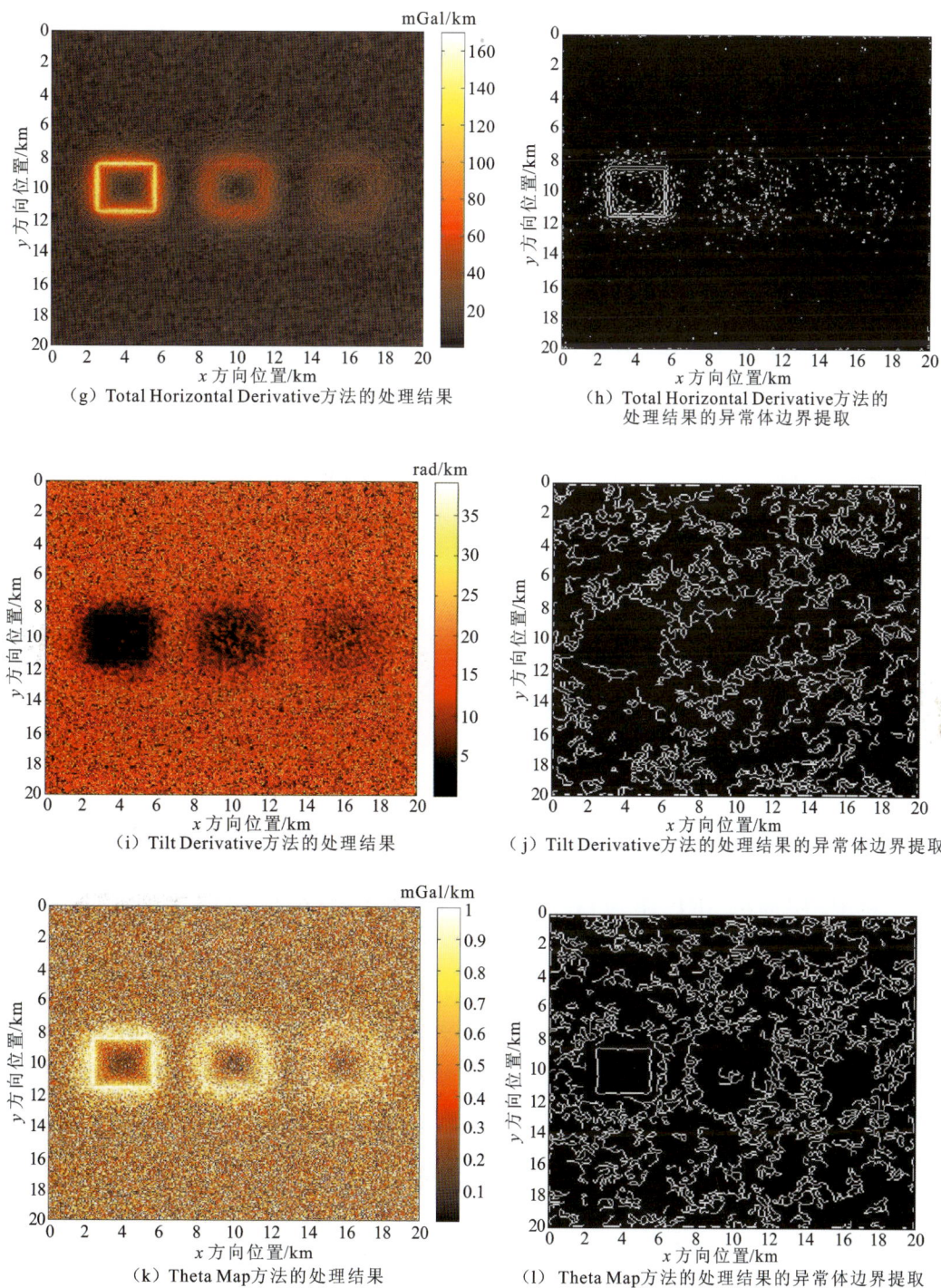

（g）Total Horizontal Derivative方法的处理结果

（h）Total Horizontal Derivative方法的处理结果的异常体边界提取

（i）Tilt Derivative方法的处理结果

（j）Tilt Derivative方法的处理结果的异常体边界提取

（k）Theta Map方法的处理结果

（l）Theta Map方法的处理结果的异常体边界提取

图 4.16 常见的势场数据算法的处理结果对比(续)

了采用 Sobel 算子和 Canny 算子对处理结果的边界的检测。根据实验结果，以往的重、磁边界提取算法可以提取出各个深度异常体大致的位置，但在滤波过程中会受到噪声的严重影响，在结果中产生虚假边界的现象，以及深部模型中的低频弱信号会被高频强信号干扰退化的现象。笔者提出的算法针对以上的退化问题具有较好的处理效果。

以上试验中，在使用笔者提出的算法进行滤波过程中，假定目标层的 IRF 已知。但在实际的数据处理中，目标映射层的具体模型参数通常未知，对于异常体模型的先验知识也会存在一定的误差，因此无法估计出精确的 IRF。因此，算法需要对 IRF 的估计误差具有较好的鲁棒性。针对这个问题，设计了半盲反褶积仿真试验对算法进行检验。

假定对于异常体 E 的模型参数进行了不精确的估计，估计异常体 E 的模型顶部和底部分别为 1.5 km 和 3 km，估计模型的参数等同于模型 F 的参数，如图 4.17 所示，异常体 F 并不在仿真模型中存在，只用来指示选择的映射平面的位置。

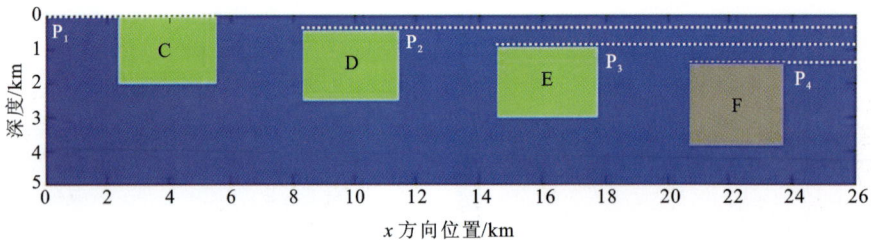

图 4.17   假设对于异常体 E 位置的错误估计（异常体 F 所在位置）

将 P_4 层面的 IRF 作为目标映射层面，模型的参数约束范围为[1 km，5 km]，如图 4.18 所示。

与仿真的异常体 E 的实际模型参数相比，P_3 层面的 IRF 与 P_4 层面的 IRF 相比存在较大的距离。根据提出的半盲反褶积算法对其进行处理，处理结果表明算法对于 IRF 的估计误差并不敏感，同样可以较为精确的提取异常体的边界，如图 4.18(b)所示。

图 4.19 为澳大利亚布里斯班以西 800 km 珊瑚海区域的重力实测数据（自由空间重力观测数据），数据中包含有明显的重力异常，但数据中异常体的边界较为模糊和光滑。该地区的地质结构较为复杂，异常体的埋藏深度范围较广。没有相关的地质资料为算法提供先验知识支撑，因此采用提出的半盲反褶积算法对数据进行处理，设置算法的初始目标映射层面深度为 2 km，异常体深度限制范围为[1 km，10 km]。对于算法处理结果的评价，因为真实

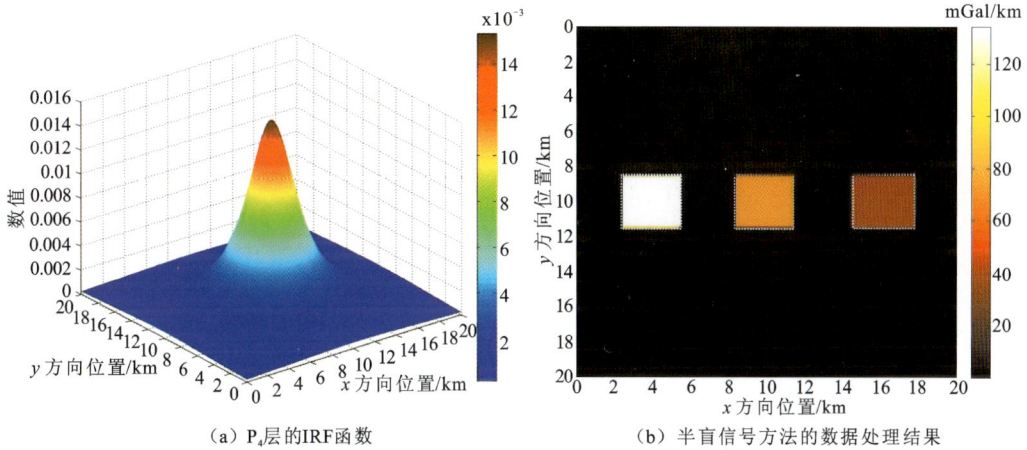

（a）P₄层的IRF函数　　　　　　　　　（b）半盲信号方法的数据处理结果

图 4.18　P₄ 层的 IRF 函数和半盲信号方法的数据处理结果

的地质结构未知，所以采用专家主观评价的方式。观测数据的处理结果如下图所示（图 4.19（b））。

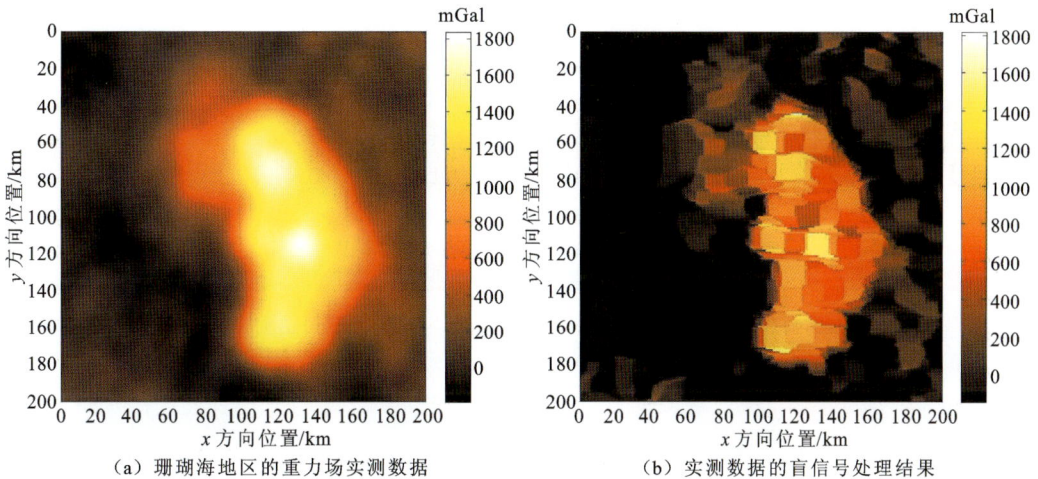

（a）珊瑚海地区的重力场实测数据　　　　（b）实测数据的盲信号处理结果

图 4.19　珊瑚海地区实测数据和盲信号处理结果

　　通过提出的算法的处理，可以较好地分辨出各个异常体的深度层次和精细的边界，可以看出处理后异常体有较为明显的层次特征。求取原始数据和处理结果的水平方向偏导，如图 4.20 所示。

　　从图 4.20 可以看出，算法对于异常体的边界提取过程中，没有产生虚假的"两重"或者"三重"边界的退化现象。在水平偏导的计算结果中，较为清晰的展示了异常体的细节结构，为后期的重力场数据的解释提供了一定的帮助。将算法结果与其他常用的重力数据边界提取算法进行比较，如图 4.21 所示。

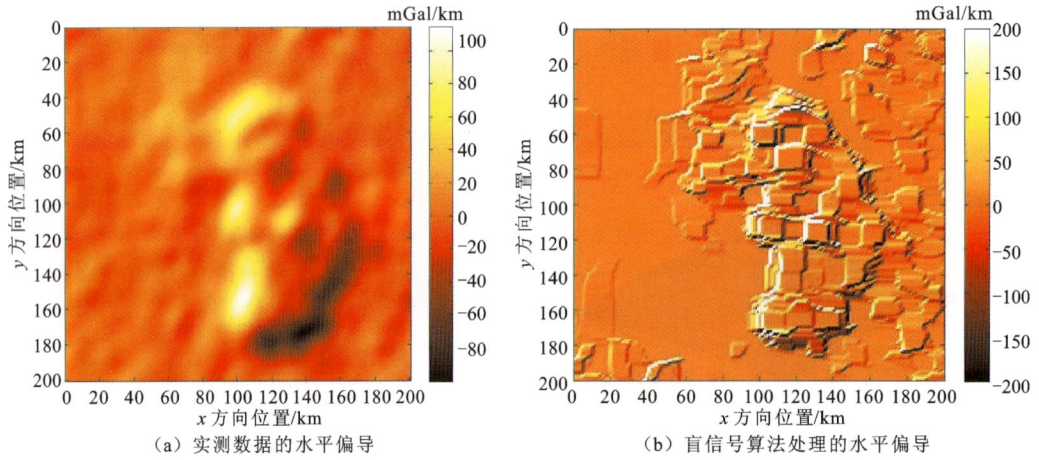

（a）实测数据的水平偏导　　　　　　　　　　　　　（b）盲信号算法处理的水平偏导

图 4.20　实测数据的水平偏导和盲信号算法处理结果的水平偏导的对比

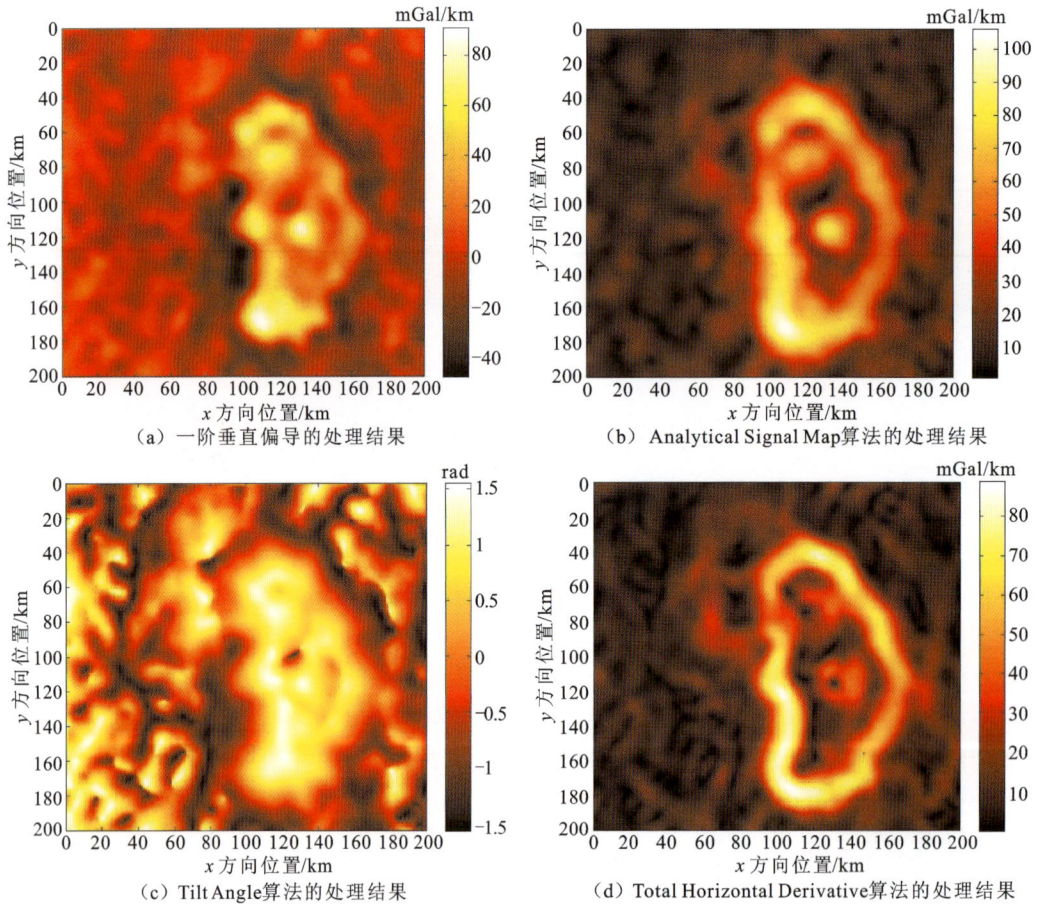

（a）一阶垂直偏导的处理结果　　　　　　　　　（b）Analytical Signal Map算法的处理结果

（c）Tilt Angle算法的处理结果　　　　　　　　　（d）Total Horizontal Derivative算法的处理结果

图 4.21　各种常用的势场数据处理算法对实测数据的处理结果

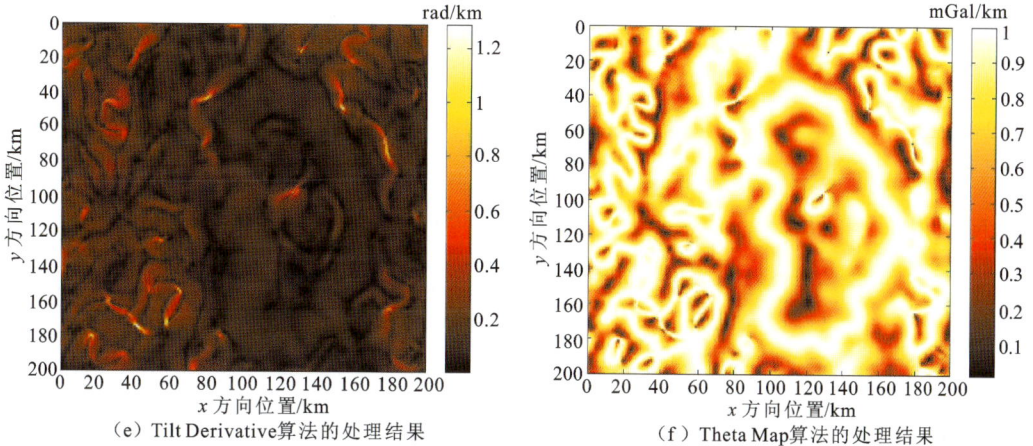

(e) Tilt Derivative算法的处理结果　　　　(f) Theta Map算法的处理结果

图 4.21　各种常用的势场数据处理算法对实测数据的处理结果(续)

在实测数据的试验中,我们选择规整化参数为 $\alpha = 1.0 \times 10^{-4}$。在以上的算法对比分析中,可以看出笔者提出的算法提供了更多的模型细节,包括深部异常体的清晰的边界细节,例如在水平坐标位置(130 km,120 km)处的浅部异常结构信息,(70 km,85 km)处的深部异常体结构信息。根据所提出的退化理论进行分析,这部分细节信息是存在于原始的观测数据中的,由于有退化误差的影响,导致数据中的细节信息不可见或不明显。通过反褶积算法的处理,压制和去除了系统退化误差,可以将这部分异常体的边界信息清晰地显示出来。

4.11　反褶积算法的规整化参数的确定

对于大多数信号盲反褶积算法和半盲反褶积算法而言,何如正确确定算法的规整化参数和优化算法的参数,是一个研究的热点问题。在以往提出的多数算法中,规整化参数需要通过计算确定。通常,目标函数的残差被作为评价算法收敛性的指标。但是,相对较小的残差下的模型计算结果并不一定有较高的模型精度,因为模型有可能在优化过程中被误差成分所破坏。通过大量试验观察发现,本章所提出的算法在优化过程中模型的精度变化和与残差的变化趋势相一致,为了证实算法的这个特性,以一维的重力数据(从图 4.12 的仿真模型中提取)处理为例。

在仿真模型的水平面,沿 x — 轴方向选取 4 km、10 km 和 16 km 三条测线,构建测试参数向量,其数值不均匀分布于 $[10^{-8},10^4]$ 范围内。图 4.22(a)

显示了目标函数的残差在不同的参数选取中的变化过程,图 4.22(b)显示了 4 km测线在不同规整化参数条件下的变化情况。

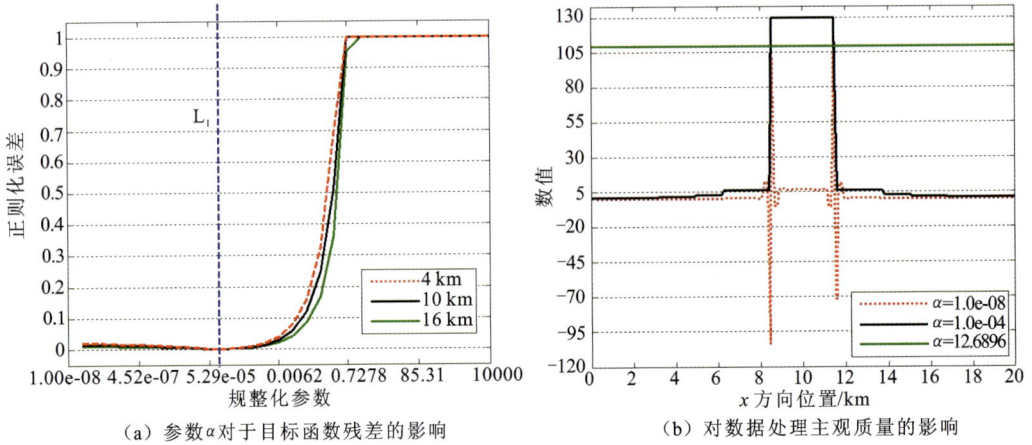

（a）参数 α 对于目标函数残差的影响　　　　（b）对数据处理主观质量的影响

图 4.22　参数 α 对于目标函数残差的影响和对数据处理主观质量的影响

在图 4.22 中,在不同的规整化参数选取条件下,算法对客观的目标函数残差测度和主观视觉评价敏感。三条数据均在 $\alpha = 1.0 \times 10^{-4}$（$L_1$）（图 4.22 (a)）处达到了最小值,并且在此参数设置条件下,算法得到了主观评价的最优模型（图 4.22(b)）。因此,规整化参数 α 的选取在客观测度上和主观测度上是一致的,算法可以通过计算目标函数的残差来确定参数 α 的选取。

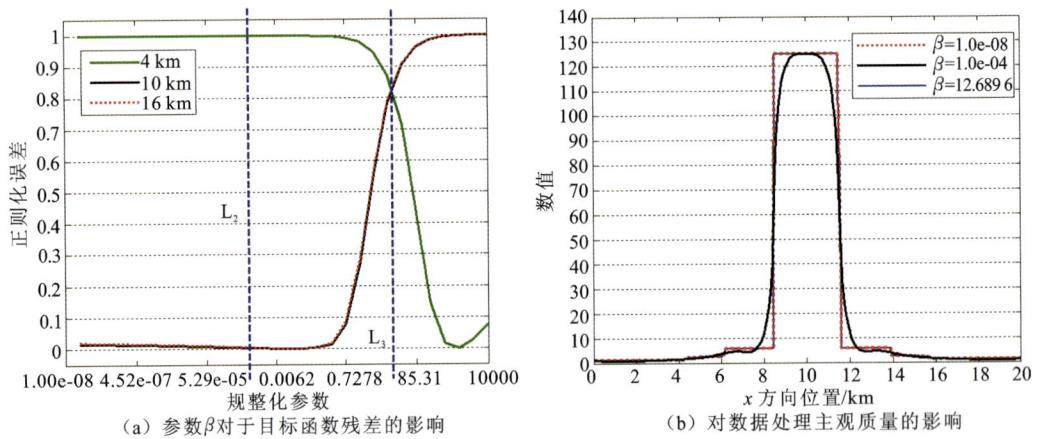

（a）参数 β 对于目标函数残差的影响　　　　（b）对数据处理主观质量的影响

图 4.23　参数 β 对于目标函数残差的影响和对数据处理主观质量的影响

与参数 α 不同,试验显示对于参数 β 的选取,其对算法精度的影响并不明显,采用同样的算法对其进行试验,如图 4.23 所示。三条测线的代价函数残值曲线在 $\beta = 1.0 \times 10^{-4}$ 处（L_2）和 $\beta = 12.6896$ 处（L_3）两处重叠。根据一般的参数选取规则,应选取 L_3 处的数值作为参数 β 的数值,但从主观测度上来看,在不同的参数选取情况下,模型的主观测度几乎一致(图 4.23(b))。同样的算法参数确定特性也出现在 10 km 和16 km 的数据试验中,在整体的试验中,通常采用 $\beta = 1.0 \times 10^{-4}$ 的参数设置。从大量的实验结果上分析,该参数的选取对于模型的处理精度影响不大。

4.12　反褶积算法收敛性分析

为了说明算法的收敛性问题,以及验证算法的结果有效性,笔者提出采用模型相关系数方法对算法处理结果进行分析(图 4.24)。在算法三次迭代完成后,算法的优化模型和真实模型之间的相关系数开始增长(图 4.24),不断增加的模型相关系数说明两个模型之间的相关性不断的增强,真实模型中存在的细节和信息在估计模型中被计算出来。在 15 次迭代后,优化模型和真实模型的相关系数达到了最大值,并且在 15 次和 20 次迭代中保持数值的恒定,20 次迭代之后相关系数稳定为常量 0.909 61。在整体的试验中,12 次迭代之后,优化模型和真实模型的相关系数开始大于观测数据和真实模型的相关系数,这也意味着观测数据中更多的模型信息被提取出来,提出的算法有效地压制了系统误差所带来的退化效应。

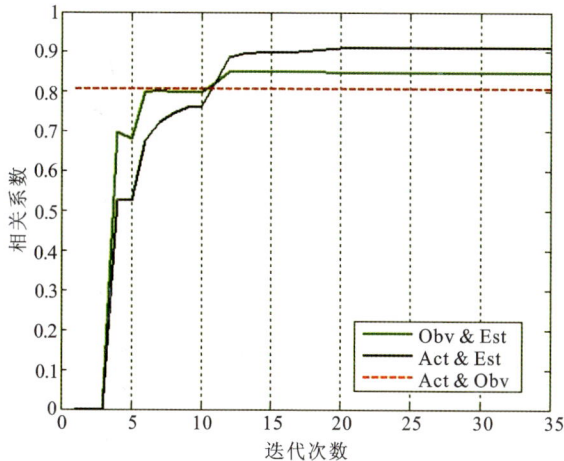

图 4.24　模型间的相关性　仿真模型和盲信号算法处理结果的相关系数(黑色实线,Act & Est),观测数据和仿真模型之间的相关系数(红色虚线实线,Act & Obv),观测数据和盲信号处理结果的相关系数(绿色实线,Obv & Est)

试验表明,笔者提出的盲信号算法在噪声和高频分量的处理上,没有导致算法出现快速退化问题,算法具有较高的稳定性。在这种情况下,将目标函数的残差作为算法的终止迭代准则是可行的。在输入的观测数据含有大量的观测噪声和误差的情况下,采用数值约束上下界的方法和主观评测的方法可以较好的抑制解的退化问题。

4.13   结   论

重力数据的解释在地球物理深部勘探中具有极其重要的作用,特别是在依据其进行进一步的地质勘查的实际工作应用中,对于重力数据中异常体边界的准确定位扮演着重要的角色。本章阐述了采用反褶积和半盲反褶积的方法,增强数据中的模型细节信息。依据经典的重力正演理论,论述了重力异常模型的多层均匀划分方法,通过对所建立的模型进行求解,提取观测数据中异常体模型的精细边界,方法分析了系统误差及其所导致的系统退化对于数据的影响,提出了通过估计 IRF 退化函数来提取模型信息的方法。通过 1D 和 2D 仿真模型试验,分析了 IRF 的估计及其估计误差对于算法的影响。并与其他边界提取算法进行了对比试验,验证了所提出的算法可以有效地提取出不同深度的异常体的水平边界信息,得到更为精确的地下重力异常体的结构信息。实测数据试验表明:在所测量的地质异常体的先验条件未知的情况下,采用半盲反褶积算法,对于重力观测数据中的密度异常体的边界进行精确提取是切实可行的,方法可以有效和较为精确地提取出深部异常体的边界信息。希望通过反褶积和半盲反褶积方法的研究,为重力数据资料的处理、解释提供一种新的方法和途径。

5 地球物理盲信号反问题求解

5.1 反问题研究的背景

数学物理反问题广泛地存在于多个学科领域的研究中,其在理论和应用上有着很好的实践意义和应用价值。在地球物理参数模型的反演研究中,反问题求解是重力数据处理的主要手段,一直以来都是热点研究领域。反问题是正问题计算的逆过程。所谓正问题,就是在给定的正演理论模型和相应的边界条件来求解定解的过程。在地球物理中,正演问题通常是已知模型参数等条件,预测观测数据的过程。正演问题更多的涉及对于物理过程的表述和对求解问题的数值表达。而反问题主要是根据观测数据来反推模型参数。相比正演过程,其更注重对于求解模型的数值分析、优化过程。随着人类科技的发展,新的探测仪器不断出现,通过使用不同频段电磁波,采用主动或被动方式进行目标探测。例如,在医学领域采用的 X 射线探测,医用 CT 探测,都是采用主动的方式发射高能射线,测量穿过人体后的射线信号,通过反演算法计算和估计出人体的结构信息。在图像处理、遥感影像分析中则是通过被动接受反射可见光信号,反演计算求解像源的相关信息。在工业领域,高能射线的无损探伤技术也被广泛地使用,其原理也是接受反射或者透射的电磁波,通过反演算法计算其探测目标的结构。在地球物理探测中,探测手段更加多种多样,包括使用的不同频率的电磁波探测的电法、重磁探测、弹性波探测等,基本原理都是根据正演和反演计算估计探测地下异常体的参数信息,确定各种资源矿床的各种参数。总体上,在工程中各种根据观测信息来反算探测目标的参数信息的方法都属于反问题求解的范畴。

工程中的数学物理反问题的求解都存在病态性,也就是说求解问题不存在严格的唯一精确解。在第2章中介绍的线性直接求逆的方法,通常是不稳定的。例如,在重力探测中根据观测异常数据求解异常体模型的问题,在电法探测中根据获取的电磁信号求解地下导电异常体的问题等,都是典型的存在求解病态性的反演问题。导致求解病态性问题的原因有很多,包括干扰误差噪声、探测仪器的测量偏差、数值离散化误差、正演模型误差等,都会导致病态性问题的产生。在第2章的数值优化问题描述中,可以看到数据中微小的误差干扰都会引起计算结果的大幅度波动。测量数据的精度和正演模型的获取和计算精度是有限的。因此,反演问题的求解是一个复杂并且富有挑战性的研究领域。

相比人类对于正演过程的认识和计算,数学物理的反问题求解的研究历史相对短暂。最早对于反问题系统性的研究开始于20世纪20年代,法国数学家Hadamard对椭圆偏微分方程的柯西问题求解的病态性进行了系统的研究,其描述了使用部分观测数据来估计整个数值空间中模型的问题(王彦飞,2007)。在此之前,人们认为实际中的数学物理过程都是线性的。Hadamard在其著作《Lectures on Cauchy's Problem in Linear Partial Differential Equation》中对Laplace算子问题进行了研究,发现了该求解问题中存在边界值的非线性不连续过程,引出了病态性问题的定义(具体定义参阅第2章)。Payne(1975;1970;1960)研究了椭圆型柯西问题解的稳定性问题,给出了一些稳定解的边界条件。此后,柯西问题解的病态性理论研究作为反问题求解的理论分析基础,一直是该领域的研究热点(Hao,2007;2003;Hon and Wei,2001;Cheng and Yamamoto,2001;Bukhgeim et al.,1999)。Eld'en和Berntsson(2006)首先提出了特定椭圆方程柯西问题的稳定求解条件。Belgacem和Fekih(2005)提出了著名的Dirichlet-Neumann映射方法(Steklov-Poincare算子),将问题转化为了求解变分问题。此后,Belgacem(2007)完整的论述了柯西求解问题的理论框架,在Hadamard定义的基础上完整、系统地说明了该问题的求解病态性产生的机理。至今,如何解决计算中的柯西问题仍是反问题研究的热点。苏联科学家 AndreyNikolayevichTikhonov 提出了著名的 Tikhonove 规整化方法，开启了对于反问题中规整化方法研究。经过一系列的研究，从 Tikhonove 规整化方法发展出了一套完整的规整化理论。从目前来看，规整化方法仍是反问题求解的主要研究方法（Andrieux et al.，2006；Chakib and Nachaoui，2006）。Cimetie're 等（2001）提出了迭代正则化的方法，该方法至今仍是反演问题计算所采用的主要框架。规整化方法有效地平衡了反问题求解的病态性和精度的问题。在实际工程应用中，Chen 等（2005）和 Inglese（1997）讨论在腐蚀探测中采用规整化方法来获得稳定的计算结果。Fasino 和 Inglese（1999）将 Galerikin 方法应用于无损探伤研究中。Delhez（2003）则利用规整化方法讨论了样条插值的问题。Chen 等（2010）、Wang 等（2006；2005；2002）、Kirsch（1996）以及 Hanke 和 Scherzer（1991）讨论了规整化技术在微分方程网格差分方法上的应用，Chen 等（2010）提出了一种在规整化方法中确定规整化系数的方法。

　　反演问题在地球物理研究中被广泛的研究和使用。人们根据从地表探测获取的少量关于地球内部的信息，通过反演手段来计算和估计地球内部的地质结构、矿藏和资源。例如，在大地电磁方法中，测量"太阳风"所激发的地下异常体所产生的二次场，通过反演计算确定异常体的电性特征。在重力和磁法勘探中，根据观测得到的重力场和磁场数据，以及地球物理场和场源之间的关系，通过反演计算获取密度异常体和磁异常体的参数信息。总体来说，反演是地球物理中人类认识和获取地球深部信息的重要手段。在地球物理的各种方法中，包括重力方法、磁探测方法、电法、人工场源地震方法，反演都是研究领域的热点问题，一直在不断地发展和创新。总体上，在不同的探测方法中，不同类型的反演方法所采用的技术手段也多种多样，并且随着理论和技术的不断发展，反演方法也在一直持续不断地创新和发展，在这里由于篇幅原因，不做详细的介绍。

　　从数值分析的角度上来看，各种不同的地球物理方法的数值优化过程相似，而地球物理的具体研究问题中，模型的范围、物性参数通常是有限的。因此，以下将介绍褶积模型的有限支持域的反问题求解相关内容。

5.2　有限支持域上的盲信号褶积求解

　　有限支持域上的反问题求解，是在工程中的一个非常普遍的实际问题。其最为典型例子是开始于 20 世纪 70 年代在天文观测中的应用研究。当耗资巨大的天文台在建成使用后,人们意识到了地球大气和观测仪器限制对于所获取的有限数据的影响。有限支持域上的反问题求解算法开始被广泛的研究,在不增加额外硬件设备的条件下,数据的观测精度和信息量大大增加,方法取得了很好的效果。科学界其他领域也开始对误差干扰进行研究。另一个较为成功的应用是在军事领域,由于大气的存在,给超高速武器的精导带来了很多问题,类似的有限支持域上的反问题求解算法被证明可以被应用来解决这个问题。在医学领域,类似的研究也被广泛的开展,大大提高了各种仪器,例如 CT、层析成像和核磁共振等的成像精度。在地球物理领域中重、磁、电、震各种方法应用中,有限支持域上的反演问题在理论和实际应用中都取得和很好的成果。

　　虽然有限支持域上的反问题研究在各种应用中的名称不尽相同,例如,在地球物理中其被称为反演,在天文观测领域被称为复原,在医学领域其被称为超分辨率,有的理论也将其称为盲信号分离等等。不考虑其应用背景,在数学模型上,有限支持域上的反问题求解的基本的理论模型(褶积模型),可以表示如下:

$$y(x,y) = \iint\limits_{D} f(s,t)h(x-s,y-t) + n(x,y) \tag{5.1}$$

其中:D 为二维平面上的一个有限支持域;$y(x,y)$ 为观测数据。真实模型 $f(s,t)$ 和退化褶积函数 $h(x-s,y-t)$ 的支持域是有限的,两者通常尺寸不同。

　　根据第 2 章对于积分方程的讨论,可以看出式(5.1)属于 Fredholm 第一类方程。以地球物理观测为例,观测数据通常是不连续的,观测数据中混有多种多样的误差干扰,并且函数 $h(x-s,y-t)$ 虽然可以通过其他的手段确定,但是其通常存在不可忽视的误差成分。因此,可以看出式(5.1)的方程的求解是高度非线性的,求解问题存在严重的病态性问题,理论上不存在唯一合理的精确解。

　　反褶积问题最早也是最直观的一个应用领域,来源于对于天文图像的处理。天文图像由于观测条件的限制,存在大气湍流的影响、观测设备电气和光学性能的限制。即使是在造价昂贵的太空望远镜的观测中,同样存在类似的问题。科学家发现通过测量设备的观测传递函数,利用数学分析手段,可以进一步的提高观测精度。例如著名的哈勃太空望远镜,通过使用反褶积方法,有效地去除了误差退化函数,提高了观测分辨率。相比采用增加硬件性能等手段,反褶积的方法更加快捷高效。图 5.1 显示了 Carasso(2006)对哈勃太空望远镜观测图像的反褶积处理结果。

　　盲反褶积方法被广泛研究的另一个应用领域是气动光学研究,并且因为

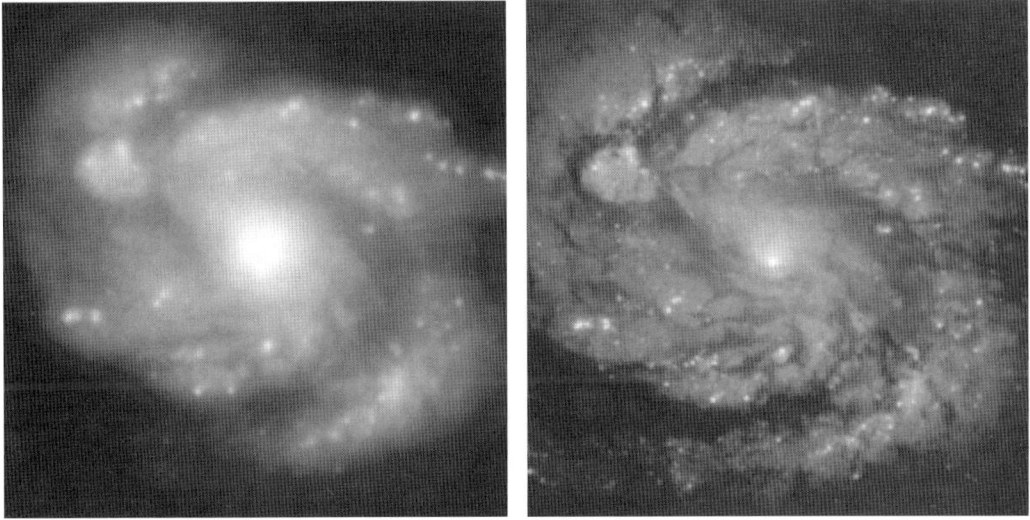

图 5.1 哈勃太空望远镜图像处理(Carasso,2006)

盲反褶积方法的引入,为该领域带来了突破性的应用成果。在高速飞行器以超音速飞行时,机载的光学探测系统会由于高速变化的气流影响,而产生探测数据的畸变、模糊和抖动等一系列的退化效应,为飞行器的导航带来了很大的干扰误差。气动光学退化的基本原理和天文观测中的退化效应在原理上基本类似,高速运动的气流会产生褶积模型的退化传递函数,直接作用于成像数据中。因为这种退化效应的存在,导致了各种高速飞行器的设计不能应用于实际的生产实践中。为此,各国都投入了大量的资金和资源,建立了一系列的研究中心,希望能够解决这个问题。美国作为气动光学研究开始最早的国家,启动并完成了一系列的气动光学项目。其中以美国气动光学评价中心(AEDC)(Korejwo and Holden,1992)为主的科研机构,进行了大量的风洞试验。美国也为气动光学的研究建立了世界上尺寸最大、功率最高的卡尔斯班国家高能激波风洞(LENS),进行了系统的气动光学试验。相关资料显示,美国的其他主要风洞也进行了各种条件下的超音速光学成像研究,取得了很好的成果(Hedlund,1992;Hedlund et al.,1992)。气动光学最主要应用领域是各种超音速的精导武器,例如美国所建立的战区导弹防御系统等。在风洞实验的基础上,美国也进行了大量的靶场试验。美国气动光学退化效应的研究,从理论到试验,从测试到型号,最后成功应用于武器系统中。根据美国对于战区导弹系统的测试结果的报道,可以认为美国已经完全掌握了消除气动光学观测中的退化效应的方法,形成了完整的理论和成熟的技术应用。

　　与地球物理应用相似,严格来说,气动光学的反褶积问题属于半盲反褶积问题，飞行器在高速飞行过程中，通过各种传感器和控制系统，可以获取各种飞行参数信息。例如，飞行速度、大气密度和湿度等。而地球物理在数据采集中，可以获取一部分的地质信息。因此，笔者认为在理论和方法研究中，可以借鉴相关领域的成熟研究经验，提高地球物理数据盲信号方法的处理精度和可靠性。

早期对于反褶积数据的处理，更多的考虑的是点扩展函数的确定问题，通常会采用一些辅助设备，如波前传感器等，测量退化点扩展函数。这种方法的优点是算法的处理精度较高，计算简单，但是需要安装额外的辅助设备。此类算法大多属于频率域逆滤波算法（Andrews et al.，1970）。此外，该类算法对于求解中的病态性问题进行约束限制，在观测数据信噪比较低的情况下，算法对于高频噪声会有放大作用。特别是频率域滤波器的分母项中的小值，对于高频噪声的放大作用更为明显。

Glamery（1967）和 Harris（1966）改进了逆滤波算法，增加了对于噪声误差的控制。Slepian（1967）提出了空域的自回归滤波算法，方法有效地避免了频率域算法中大量存在的除零问题。除逆滤波算法外，最小二乘方法是盲反褶积中最多被研究的方法。该方法在 20 世纪 60 年代被提出后（Burch，1980；Andrews and Hunt，1977；Hellstrom，1967），至今仍被广泛的研究和使用。Phillips（1988）首先提出使用带有规整化项的第一类积分方程的反褶积数值求解算法。此后，Hunt（1973）在此基础上提出了含有规整化项的最小二乘算法框架，该方法是对维纳滤波等方法的泛化，该方法的计算精度相比维纳方法有了明显的提高，但是算法的时间和空间复杂度较高。Nahi（1972）提出了基于梯度的 Kalman 滤波复原算法，Aboutalib 和 Silverman（1975）将这种方法应用于运动状态方程的研究中。Frieden（1972）根据信息论中熵的概念，提出了最大熵（maximum entropy）的反褶积复原算法。Hunt（1978）根据概率模型提出了基于最大后验概率的反褶积算法（maximum a posteriori）。Cannon（1976）以 及 Oppenheim 等（1968）提出了基于同态滤波反褶积算法。Keshavan 和 Srinath（1977）则研究了基于自回归框架的反褶积算法。

反褶积算法，根据点扩展函数的已知或未知分为，盲反褶积，此时点扩展函数完全未知；半盲反褶积，点扩展函数中的部分信息已知，例如，仅知道点扩展函数的支持域，或者是仅知道大致数值分布状态。半盲反褶积的情况在工程应用中出现最多，点扩展函数在算法运行之前通常难以完全估计，但是一般可以根据其他条件估计其部分参数信息。对于盲反褶积算法和半盲反褶积算法，其算法过程基本相似，都是在迭代过程中不断地根据目标函数估计点扩展函数，最终得到满足算法误差条件的估计解。最早的盲反褶积算法是由 Gerchberg 和 Saxton(1972)提出的,其将两个非盲的反褶积问题进行耦合,组成了一个盲反褶积算法;之后 Papoulis(1975)和 Gerchberg(1974)等学者不断对其进行改进,并提出了 Gerchberg—Papoulis 基于凸集投影的迭代盲反褶积算法。

Ayers 和 Dainty(1988)提出了一个较为完整和典型的盲反褶积框架,其提供了目前盲反褶积算法研究的主要算法框架,大体如图 5.2 所示。

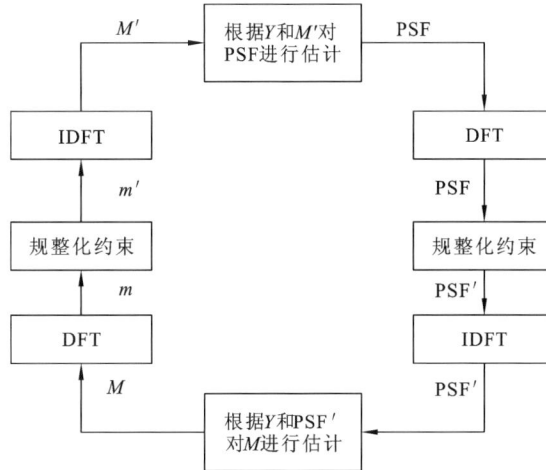

图 5.2　盲反褶积算法框架

算法首先会设定一个初始模型 m_0 和初始的点扩展函数估计 PSF_0,DFT和 IDFT 分别表示傅里叶变换和反傅里叶变换;在迭代循环中,分别在假设点扩展函数已知的情况下求解模型参数,假设模型参数已知的情况下求解点扩展函数,并在估计过程中分别根据先验条件信息对解的数值范围进行优化。Sedin 和 Fienup(1990)和 B. L. K. Davey(1989)将维纳滤波方法加入到这个框架中,将盲反褶积算法简化为两个逆滤波过程,即

$$M(\mu,\nu) = \frac{PSF*(\mu,\nu)Y(\mu,\nu)}{|PSF(\mu,\nu)|^2 + \dfrac{S_n(\mu,\nu)}{S_y(\mu,\nu)}} \quad (5.2)$$

$$PSF(\mu,\nu) = \frac{M*(\mu,\nu)Y(\mu,\nu)}{|M(\mu,\nu)|^2 + \dfrac{S_n(\mu,\nu)}{S_{psf}(\mu,\nu)}} \quad (5.3)$$

其中:$S_y(\mu,\nu)$,$S_{psf}(\mu,\nu)$ 和 $S_n(\mu,\nu)$ 分别表示输入信号 Y、点扩展函数 PSF 和噪声的功率谱,M 为估计模型。该方法因为没有优化算法的极致求解过程,因此算法的收敛性没有理论支撑,该算法通常作为一种快速算法应用,其最大的特点是运行速度快,整个算法在频域中运算,迭代次数较少,也没有复杂的求极值过程。算法通常设置一个误差阈值,当目标函数误差满足阈值的时

候,算法迭代停止,输出结果。

为了改善收敛性问题,Zou 和 Unbenauen(1995)提出了增量滤波的方法,对式(5.2)和式(5.3)进行了改进,将不具备迭代特性的维纳滤波器优化为迭代滤波器,改善算法的收敛性能,具体的公式如下:

$$M_{t+1}(\mu,\nu) = M_t(\mu,\nu) + \frac{\text{PSF} * (\mu,\nu)e(\mu,\nu)}{|\text{PSF}(\mu,\nu)|^2 + \beta} \quad (5.4)$$

$$\text{PSF}_{t+1}(\mu,\nu) = \text{PSF}_t(\mu,\nu) + \frac{M * (\mu,\nu)e(\mu,\nu)}{|M(\mu,\nu)|^2 + \beta} \quad (5.5)$$

其中:t 表示迭代次数;$e(\mu,\nu) = Y(\mu,\nu) - M(\mu,\nu)\text{PSF}(\mu,\nu)$ 为估计观测数据的残差;β 为防止除零的小数,其数值通常可以根据观测数据的信噪比来确定。与维纳滤波的参数确定过程相似,在观测数据信噪比较大情况下,通过使用 β 较小的取值,可以得到较为锐利的边界。相反,较大的 β 取值,可以帮助平滑模型中的噪声成分。

在基于概率模型的算法方面,最为典型的反褶积算法是 Richardson-Lucy 算法,其由 Lucy(1974)及 Richardso(1972)以贝叶斯理论推导提出,Tsumuraya 等(1994)将其发展为盲反褶积算法。此类算法的优点是对于噪声有较好的控制能力,运算结果较为稳定,不容易受误差干扰的影响;缺点是算法的时间和空间复杂度较高,相比非确定性算法,运行所消耗的时间较长。因为主要讨论非确定性算法,所以对于此算法不做过多的阐述。

5.3 半盲地球物理信号反褶积

地球物理观测数据的褶积退化过程可以通过如下模型表示:

$$
\begin{aligned}
d(x,y) &= k * f + \sigma(x,y) \\
&= \int_{-\infty}^{\infty}\int_{-\infty}^{\infty} k(x-x',y-y')f(x',y')\mathrm{d}x'\mathrm{d}y' + \sigma(x,y)
\end{aligned}
\quad (5.6)
$$

其中:$d(x,y)$,$f(x,y)$ 和 $\sigma(x,y)$ 分别表示观测数据、真实模型和随机误差;k 表示空不变的点扩展函数,假定其为空不变过程。空不变的假设是指在数据的各个部分上所叠加的退化传递函数是相同的。在实际应用中,退化点扩展函数通常是未知的,无法通过测量手段获取,将退化函数假设为空不变过程,在计算上是具有一定的合理性的。在 k 完全未知的条件下,式(5.6)求解问题为盲反褶积问题,而利用一些先验知识条件,来确定 k 或者 $f(x,y)$ 的部分信息的方法,则被称为半盲反褶积。半盲信号反褶积是指在预先不知道点扩展函数的情况下,根据部分先验条件知识,从观测数据中分离不同的褶积成分(Muller,1988;Bates,1982)。其中先验信息通常可以用来确定点扩展函数的大小、数值分布特征,或者用来约束模型参数的范围等。

地球物理半盲反褶积求解过程,属于不适定性问题求解,方程存在求解病态性问题。参考法国数学家 Hadamard 对于良态问题的定义:问题的解存在(existence);问题的解是唯一的(uniqueness);以及解在误差干扰情况下,数值是相对较为稳定的。地球物理半盲反褶积求解属于病态问题,且存在以下的问题:

(1)干扰因素普遍存在,且解不稳定(Karayiannis and Venetsanopoulos,1989;Nashed,1976)。在地球物理观测数据中,可以通过频谱分析等手段分析得出,噪声干扰是普遍存在的。通过模型仿真试验等手段也可以观测到,地球物理模型的求解过程中,误差因素对于解空间的影响是巨大的,小的误差扰动可能会导致大幅度的模型参数的变化。因此,从解的稳定性上分析,地球物理半盲反褶积问题是不适定的。

(2)模型的全局精确解是不存在的。地球物理反褶积问题,因为问题的高度非线性特征,并且求解数据规模较大,依赖于对参考模型和条件参数的设置,不存在求解全局精确解的可能性。一般地球物理问题求解的结果是一个近似的估计解(Lane and Bates,1987)。

(3)误差干扰的不确定性。地球物理观测数据中的误差干扰因素较多,比如环境干扰,仪器采集误差等,各种干扰因素通常不能被直接的测量。各种误差的加入,导致了求解的病态性的产生,在求解模型中加入误差因子,并分离干扰误差,是反褶积问题研究的主要内容之一。

总体上,地球物理反褶积盲分离过程是一个高度非线性的病态问题求解过程,解空间与数据空间的关系高度非线性化,并且误差扰动对解的影响较大。解空间范围通常会因为误差的影响而更加宽泛,解的稳定性依赖于规整化手段对于求解问题病态性的约束,各种先验条件知识作为约束条件,作为包含解的子集,可以有效减小解空间的大小,提高问题求解效率和稳定性。可以认为大多数的地球物理系统误差反褶积分析方法是一个半盲求解问题。

5.4　地球物理盲信号问题的规整化

地球物理盲信号方法的求解模型中,可以采用的规整化方法很多,例如著名的 Tikhonove 规整化方法,总变分规整化等。这些规整化方法被用来改善求解问题的病态性,并且取得了很好的效果。对于规整化的作用,地球物理反演研究普遍认为其作用主要是对于观测数据中的误差的控制(王家映,2002)。经典的地球物理反演理论指出:在不采用任何规整化方法的情况下,反演算法不可能估计得到合理的参数模型,因为满足方程解条件的数值模型通常有无数多个,不采用规整化方法是不可能得到合理解的。

Oldenburg 和 Li(2005)指出:人们对于地下地质结构、岩石物性的认识,可以作为合乎逻辑的先验条件加入到反演模型中,使估计模型趋向于更为"简洁"。Smith 和 Booker(1988)等学者也得出了相似的对于模型的"简洁"定义。普遍认为因为反演问题的不适定性,模型越简洁则不确定的因素越少,最简单的模型是唯一的。因此,使用先验条件知识作为规整化项,可以有效减少盲信号问题求解的复杂性和不确定性。

参 考 文 献

陈小斌,赵国泽,汤吉,等.2008.大地电磁自适应正则化反演算法.地球物理学报,48(4):937-946.

方盛铭,冯锐.1999.亚洲中部地区岩石圈均衡补偿深度和弹性板模型反演结果分析.地球物理学报,42(增刊):115-121.

方盛铭,冯锐,李长法,等.1997.亚洲中部地区地幔上部密度不均匀性研究.科学通报,42(6):663-673.

冯锐,1985.中国地壳厚度及上地幔密度分布:三维重力反演结果.地震学报,7(2):143-157.

冯锐,王均,郑书真,等.1988.论华北地区的均衡状态二.地震学报,10(4):385-394.

冯锐,王均,郑书真,等.1987.论华北地区的均衡状态一.地震学报,9(4):406-416.

郭樟民.1990.利用卫星重力资料研究新疆及周边国家和地区深部构造.新疆维吾尔自治区国家305项目V6-3研究报告.

郭樟民.1987.利用卫星重力资料和磁卫星资料对中国大陆及邻近海域内的地幔结构探讨.桂林深部地球物理会议.

何培宇,殷斌,Sommen,等.2002.一种有效的语音盲信号分离简化混合模型.电子学报,30(10):1438-1440.

何昭水,谢胜利,章晋龙.2005.基于QR分解的盲源分离集合算法.控制理论与应用,22(1):17-22.

胡光锐.2001.一种采用振荡器神经网络的CASA计算模型语音分离算法.上海交通大学学报,35(11):1640-1644.

胡祖志,胡祥云.2005.大地电磁二维反演方法对比研究.煤田地质与勘探,33(1):64-68.

胡祖志,胡祥云,何展翔.2006.大地电磁非线性共轭梯度拟三维反演.地球物理学报,49
　　(4):1226-1234.

吉洪诺夫,阿尔先宁.1979.不适定问题的解法.王秉忱,译.北京:地质出版社.

蒋福珍,方剑.2001.康滇地区重力场分离、反演与地壳构造.地震学报,23(4):391-397.

李小军,朱孝龙,张贤达.2004.盲信号分离研究分类与展望.西安电子科技大学学报(自
　　然科学版),31(3):399-403.

李焱,胡祥云.2010.基于 MPI 的三维大地电磁正反演的并行算法研究.中国地球物理学
　　会第 26 届学术年会论文集.

李云霞.2008.盲信号分离算法及其应用.成都:电子科技大学.

梁桂培.1983.甘肃西部地球深部构造.西部地震学报,5:66-71.

凌燮亭.1996.近场宽带信号源的盲分离.电子学报,24(7):87-92.

刘建强,冯大政.2003.脉冲噪声中的盲源分离方法.电子信息学报,25(7):896-900.

刘琚,何振亚.2002.盲源分离和盲反卷积.电子学报,30(4):570-576.

刘盛鹏,方勇.2004.基于 TMS320C64xdsPBIOS Ⅱ 的嵌入式语音采集与盲分离系统设
　　计.电子技术,4(4):17-20.

刘寿彭.1981.应用航磁资料研究华北地区深部构造的初步结果.物探与化探,03:129-137.

刘喜武,刘洪.2003.地震盲反褶积综述.地球物理学进展,18(2):203-209.

刘元龙,王谦身.1978.根据重力资料探讨北京、天津及其邻近地区的地壳构造.地球物理
　　学报,21:9-17.

刘元龙,王谦身.1977a.用压缩质面法反演重力资料以估计地壳构造.地球物理学报,
　　(20):59-69.

刘元龙,王谦身,武传真,等.1977b.喜马拉雅山脉中部地区地壳构造及其地质意义的研
　　究.地球物理学报,20:143-149.

楼海.2001.重力方法在地壳结构研究中的应用.北京:中国地震局地球物理研究所.

楼红伟.2003.基于小波变换的噪声环境下的语音识别方法.上海:上海交通大学.

卢造勋.1983.东北地区深部构造与地震.长春地质学院院报,1:113-121.

陆文凯,骆毅,赵波,等.2004.基于独立分量分析的多次波自适应相减技术.地球物理学
　　报,47(5):886-891.

吕涛,石济民,林振宝.1999.区域分解法:偏微分方程数值解新技术.北京:科学出版社.

吕文彪,尹成,张白林,等.2007.利用独立分量分析方法消除地震噪声.石油地球物理勘
　　探,42(2):132-136.

马建仓,牛奕龙,陈海洋.2006.盲信号处理.北京:国防工业出版社.

史习智.2008.盲信号处理:理论与实践.上海:上海交通大学出版社.

石应骏,刘国栋,吴广耀,等.1985.大地电磁测深法教程.北京:地震出版社.

孙洁,徐常芳,江钊,等.1989.滇西地区地壳上地幔电性结构与地壳构造运动的关系.地震地质,11:35-45.

孙守宇.2010.盲信号基础及应用.北京:国防工业出版社.

谭捍东,林昌洪,佟拓.2008.地电磁三维快速反演并行算法研究.中国地球物理学会第24届学术年会论文集,北京.

谭捍东,余钦范,Booker J,等.2003.大地电磁法三维交错采样有限差分数值模拟.地球物理学报,46(5):705-711.

汤井田,任政勇,化希瑞.2007.地球物理学中的电磁场正演与反演.地球物理学进展,22(4):1181-1194.

王惠刚,梁红,李志舜.2003.高斯噪声中的参数盲估计.声学学报,28(5):443-446.

王家映.2002.地球物理反演理论.北京:高等教育出版社.

汪军,何振亚.1997.瞬时混叠盲信号分离.电子学报,25(4):1-5.

王懋基.1981.中国地壳深部构造的区域特征.物探与化探,5:193-204.

王谦身.1989.海南岛地球物理特征及深部地壳构造.中国科学院地球物理研究所论文摘要集,北京.

王彦飞.2007.反问题的计算方法及其应用.北京:高等教育出版社.

魏梦华,殷秀华,史志宏,等.1980.根据重力资料分析华北地区地壳结构的基本形态及其与地震的关系.地震地质,2(2):55-60.

魏巍,刘学伟.2009.基于独立分量分析的工频干扰消除技术.计算机应用研究,26(1):227-229.

翁爱华,刘国兴.西方大地电磁测深理论发展现状.世界地质,17(1):60-68.

吴小平,徐果明.2000.利用共轭梯度法的电阻率三维反演研究.地球物理学报,43(3):420-427.

谢胜利,何昭水,傅予力.2007.基于稀疏元分析的欠定混叠自适应盲分离方法.中国科学(E辑),37(8):1086-1098.

谢胜利,谭北海.2008.基于源信号数目估计的欠定盲分离.电子与信息学报,30(4):863-867.

徐志萍,姜磊,李德庆,等.2014.重磁异常信号的非高斯性探讨.地震地磁观测与研究,35(2):118-123.

宴贤富.1981.云南及邻区的深部地质构造.地质学报,55:20-29.

杨福生,洪波.2006.独立分量分析的原理与应用.北京:清华大学出版社.

杨尚明.2009.信号分离ICA理论与应用.成都:电子科技大学.

叶正仁,谢小碧.1985.攀西地区的重力均衡与地壳密度结构.地球物理学报,28(3):

260-267.

殷秀华,刘铁胜,刘占坡.1993.均衡重力异常和地壳表、浅层地质结构.地震地质,15(2):
　　149-155.

殷秀华,史志宏,刘占坡,等.1982.华北北部的均衡重力异常的初步研究.地震地质,4:
　　27-34.

殷秀华,史志宏,刘占坡,等.1980.中国大陆区域重力场基本特征.地震地质,2(4):69-75.

游荣义,徐慎初,陈忠.2004.多通道脑电信号的盲分离.生物物理学报,20(1):7-8.

于波,翟国君,刘雁春,等.2009.噪声对磁场向下延拓迭代法的计算误差影响分析.地球
　　物理学报,52(8):2182-2188.

余钦范,楼海.1994.水平梯度法提取重磁源边界位置.物化探计算技术,10(4):363-367.

余先川,胡丹.2011.盲源分离理论和应用.北京:科学出版社.

袁亚湘,孙文瑜.1997.最优化理论与方法.北京:科学出版社.

张安清,秋天爽,张新华.2003.扩展联合对角化法的水声信号盲分离技术.系统工程与电
　　子技术,25(9):1058-1083.

张发启,张斌,张喜斌.2006.盲信号处理及应用.西安:西安电子科技大学出版社.

张华,冯大政,庞继勇.2009.卷积混叠语音信号的联合块对角化盲分离方法.声学学报,
　　34(2):167-174.

章晋龙,何昭水,谢胜利,等.2005.多个源信号混叠的盲分离几何算法.计算机学报,28
　　(9):575-581.

张贤达.1996.时间序列分析:高阶统计量方法.北京:清华大学出版社.

张贤达,保铮.2001.盲信号分离.电子学报,29(12A):1767-1771.

周国藩,张健.1994.利用卫星重力场特征分析青藏高原的构造演化趋势.中国地球物理
　　学会年刊,81.

朱孝龙,张贤达,冶继民.2003.基于自然梯度的递归最小二乘盲信号分离.中国科学(E
　　辑),8(8):741-747.

邹谋炎.2001.反卷积和信号复原.北京:国防工业出版社.

Cichocki S A.2005.自适应盲信号与图像处理,吴正国,等,译.北京:电子工业出版社.

Aboutalib A O,Silverman L M.1975. Restoration of motion degraded images. IEEE
　　Transactions on Circuits and System,22(7):278-286.

Abubakar A,Habashy T M,Druskin V L,et al.2008. 2. 5D forward and inverse
　　modeling for interpreting low-frequency electromagnetic measurements.
　　Geophysics,73(4):165-177.

Almeida M S C,Almeida L B. 2008. Blind de-blurring of natural images. IEEE
　　International Conference On Acoustics,Speech,And Signal Processing,Las Vegas,

NV:1261-1264.

Alumbaugh D L, Newman G A. 1997. Three-dimensional massively parallel electromagnetic inversion-II. analysis of a crosswell electromagnetic experiment. Geophysical Journal International,128(2):355-363.

Alumbaugh D L, Newman G A. 2000. Image appraisal for 2D and 3D electromagnetic inversion. Geophysics,65(5):1455-1467.

Amari S,Chan T P,Cichochi A. 1998. Adaptive blind signal processing-neural network approaches. Proceeding IEEE,86:1186-1187.

Amari S I,Cichocki A,Yang H H. 1996. A new learning algorithm for blind signal separation. Advances in Neural Information Processing Systems 8,Cambridge MA: MIT Press,8:757-763.

Andrews H C,Kane J,Matrices K. 1970. Computer implementation and generalized spectra. Journal of ACM,17(2):260-268.

Andrews H C,Hunt B R. 1977. Digital image restoration. New Jersey:Prentice Hall:78-82.

Andrieux S,Baranger T N,Abda A. 2006. Solving Cauchy problems by minimizing an energy-like functional. Inverse Problems,22:115-133.

Avdeev D B. 2005. Three-dimensional electromagnetic modelling and inversion from theory to application. Surveys in Geophysics,26:767-799.

Avdeev D B, Avdeeva A D. 2009. 3D magnetotelluric inversion using a limited-memoryquasi-Newton optimizationGeophysics,74(3):45-57.

Avdeev D B, Avdeeva A D. 2006. A rigorous three-dimensional magnetotelluric inversion. Progress In Electromagnetics Research,62:41-48.

Avdeev D B,Knizhnik S. 2009. 3D integral equation modeling with a linear dependence on dimensions. Geophysics,74(5):89-94.

Avdeeva A D, Avdeev D B. 2006. A limited-memory quasi-Newton inversion for 1D magnetotellurics. Geophysics,71(5):191-196.

Ayers G A,Dainty J C. 1988. Iterative blind deconvolution method and its application. Optics Letter,13(7):547-549.

Backus G E. 1970a. Inference from inadequate and inaccurate data:I. Proceedings of the National Academy of Sciences,65(1): 1-7.

Backus G E. 1970b. Inference from inadequate and inaccurate data:II. Proceedings of the National Academy of Sciences,65(2):281-287.

Backus G E. 1970c. Inference from inadequate and inaccurate data:III. Proceedings of the

National Academy of Sciences,67(1):282-289.

Backus G E. 1967. Numerical applications of formalism for geophysical inverse problems. Geophysical Journal of the Royal Astronomical Society,13:247-276.

Banks R J,Swain C J. 1978. The isostatic compensation of East Africa. Proceedings of the Royal Society of London A,364,331-352.

Barbosa V C F,Silva J B C. 1994. Generalized compact gravity inversion. Geophysics,59 (1):57-68.

Barrett R,Berry M,Chan T F,et al. 1994. Templates for the solution of linear systems: building blocks for iterative methods,SIAM.

Bates R H T. 1982. Astronomical speckle imaging. Physics Reports,90(4):203-297.

Begambre O,Laier J E. 2009. A hybrid particle swarm optimization-simplex algorithm for structural damage identification. Advances in Engineering Software,40 (9): 883-891.

Belgacem F B. 2007. Why is the Cauchy problem severely ill-posed? Inverse Problems, 23:823-836.

Belgacem F B,Fekih H E. 2005. On Cauchy's problem:I. A variational Steklov-Poincar' e theory. Inverse Problems,21:1915-1936.

Bell A J,Sejnowski T J. 1995. An information-maximization approach to blind separation and blind deconvolution. Neural Computation,7(6):1129-1159.

Berdichevsky M N, Dmitriev V I, Golubtsova N S, et al. 2003. Magnetovariational sounding:new possibilities. Physics of the Solid Earth,39(9):3-30.

Bhattacharyya B K,Chan K C. 1977. Computation of gravity and magnetic anomalies due to inhomogeneous distribution of magnetization and density in a localized region. Geophysics,42:602-609.

Bhattacharyya B K,Navolio M D. 1975. Digital convolution for computing gravity and magnetic anomalies due to arbitrary bodies. Geophysics,40:981-992.

Bibilarz O. 1973. Laser internal aerodynamics and beam quality. Developments,In Laser Technology-II. SPIE,41:59-60.

Blakely R J. 1995. Potential theory in gravity and magnetic applications. New York: Cambridge University Press,435-457.

Boonchuay C, Ongsakul W. 2011. Optimal risky bidding strategy for a generating company by self-organising hierarchical particle swarm optimization. Energy Conversion and Management,52(2):1047-1053.

Borner R U. 2010. Numerical modeling in geo-electromagnetics: advances and challenges. Surveys in Geophysics,31(2):225-245.

Bronstein A M,Bronstein M M,Zibulevsky M,et al. 2004. Quasi-maximum likelihood blind deconvolution of images acquired through scattering media. Proceedings International Symposium on Biomedical Imaging,352-355.

Brookings T,Ortigueb S,Graftonb S. 2009. Using ICA and realistic BOLD models to obtain joint EEG/fMRI solution to the problem of source localization. Neuro Image,4(22):411-420.

Bukhgeim A L,Cheng J,Yamamoto M. 1999. Stability for an inverse boundary problem of determining a part of a boundary. Inverse Problems,15:1021-1032.

Burch S F. 1980. A comparison of image restoration techniques. AERE-R 9671. AERE Harwell,3:140-152.

Burel G. 1992. Blind separation of sources: a nonlinear neural algorithm. Neural Networks,5(6):937-947.

Byrne C. 2000. Block-iterative interior point optimization methods for image reconstruction from limited data. Inverse Problems,15:1405-1419.

Cady J W. 1989. Geologic implications of topogramic,gravity and aeromagnetic data in the northern Yukon Koyukuk province and its borderland,Alaska. Journal of Geophysical Research-Atmospheres,94(B11):15821-15841.

Camadio A G,Montesinos F G,Vieira,R. 1997. A three-dimensional gravity inversion applied to Sao Miguel Island (Azores). Journal Geophysical Research,102(B4): 7717-7730.

Cannon M. 1976. Blind deconvolution of spatially invariant image blurs with phase. IEEE Transactions on Acoustics Speech and Signal Processing,24(5):58-63.

Cao X R,Liu R. 1996. General approach to blind source separation. IEEE Transactions on Signal Processing,44(3):562-571.

Carasso A C. 2006. APEX blind deconvolution of color Hubble space telescope imagery and other astronomical data. Optocal Engineering,45(10):107004.

Cardoso J F,Laheld B H. 1996. Equivariant adaptive source separation. IEEE Transactions on Signal Processing,44(12):3017-3030.

Chakib A,Nachaoui A. 2006. Convergence analysis for finite element approximation to an inverse Cauchy problem. Inverse Problems,22:1191-1206.

Chambolle A,Pock T. 2011. A first-order primal-dual algorithm for convex problems with applications to imaging. Math,Imaging Vision,40:120-145.

Chan T F,Golub G H,Mulet P. 1996. A nonlinear primal-dual method for total variation-based image restoration. Lecture Notes in Control and Information Sciences,219(1):241-252.

Chawla M P S,Verma H K,Kumar V. 2008. A new statistical PCA-ICA algorithm for location of R-peaks in ECG. International Journal of Cardiology,129(1):146-148.

Chen J,Oldenburg D W, Haber E. 2005. Reciprocity in electromagnetics:application to modeling marine magnetometric resistivity data. Physics of the Earth and Planetary Interiors,150(1):45-61.

Chen W B, Cheng J, Yamamoto M, et al. 2010. The monotone Robin-Robin domain decomposition methods for the elliptic problems with Stefan-Boltzmann conditions. Communications in Computational Physics,8 (3):642-662.

Cheng J, Yamamoto M. 2002. Identification of convection term in a parabolic equation with a single measurement. Nonlinear Analysis-Real World Applications,50 (2): Ser. A:Theory Methods,163-171.

Cheng J, Yamamoto M. 2001. One new strategy for a priori choice of regularizing parameters in Tikhonov's regularization. Inverse Problems,16:31-38.

Cheng J Y,Hon C,Wei T,et al. 2001. Numerical computation of a Cauchy problem for Laplace's equation. Zamm-Zeitschrift Fur Angewandte Mathematik Und Mechanik, 81:665-674.

Choi S. 2005. Blind source Separation and independent component analysis:a review. Neural Information Processing Letters and Reviews,6(1):1-57.

Cichochi A,Amari S. 2001. Adaptive blind signal and imaging processing. New York: John Wiley & Sons.

Cichocki A, Unbehauen R. 1994. Neural networks for optimization and signal processing. New York:John Wiley & Sons,New revised and improved edition.

Cimetie're A,Delvare F,Jaoua M,et al. 2001. Solution of the Cauchy problem using iteratedTikhonov regularization. Inverse Problems,17:553-570.

Coggon J H. 1971. Electromagnetic and electrical modeling by the finite element method. Geophysics,36(1):132-155.

Combettes P L,Dung D,Vu B C. 2010. Dualization of signal recovery problems. Set-Valued Analysis,373-404.

Comon P. 1994. Independent component analysis-a new concept. Signal Processing,36 (3):287-314.

Comon P, Jutten C, Herault J. 1991. Blind separation of sources,part II:Problems statement. Signal Processing,24(1):11-20.

Constable S C, Parker R L, Constable C G. 1987. Occam's inversion: a practical algorithm for generating smooth models from electromagnetic sounding data. Geophysics,52(3):289-300.

Cooper G R J. 2009. Balancing images of potential-field data. Geophysics, 74 (3): L17-L20.

Cooper G R J, Cowan D R. 2008. Edge enhancement of potential field data using normalized statistics. Geophysics,73:H1-H4.

Cooper G R J,Cowan D R. 2006. Enhancing potential field data using filters based on the local phase. Computers & Geosciences,32:1585-1591.

Cooper G R J,Cowan D R. 2004. Filtering using variable order vertical derivatives. Computers & Geosciences,30:455-459.

Cordell L. 1994. Potential-field sounding using Euler's homogeneity equation and Zidaroo bubbling. Geophysics,59(6):902-908.

Daily W, Ramirez A. 1995. Electrical resistance tomography during in-situ trichloroethylene remediation at the Savannah River Site. Journal of Applied Geophysics,33(4):239-249.

Davey B L K,Lane R G,Bates R H T. 1989. Blind deconvolution of noisy complex-valued image. Optics Communications,69(5):353-356.

De Graff J E. 1989. Gravity study of the boundary between the western transverse ranges and Santa Maria basin,California. Journal of Geophysical Research,84(B2): 1817-1825.

De Groot-Hedlin C. 2006. Finite-difference modeling of magnetotelluric fields: Error estimates for uniform and nonuniform grids. Geophysics,71(3):97-106.

De Groot-Hedlin C,Constable S C. 1990. Occam's inversion to generate smooth,two-dimensional models from magneto telluric data. Geophysics,55(12):1613-1624.

Delhez E. 2003. A spline interpolation technique that preserves mass budgets. Applied Mathematics Letters,16:16-26.

De Lugao P P,Wannamaker P E. 1996. Calculating the two-dimensional magnetotelluric Jacobian in finite element using reciprocity. Geophysical Journal International,127 (3):806-810.

d'Ereville I,Kuntz G. 1962. The effect of a fault on the Earth' natural electromagnetic field. Geophysics,27(5):651-665.

Douglas S C. 2002. Blind signal separation and blind deconvolution. New York: CRC Press.

Egbert G D, Kelbert A. 2012. Computational recipes for electromagnetic inverse problems. Geophysical Journal International, 189(1):251-267.

Eld'en L, Berntsson F. 2006. A stability estimate for a Cauchy problem for an elliptic partial differential equation. Inverse Problems, 22:1191-1206.

Engl H, Leita A. 2001. A mann iterative regularization method for elliptic Cauchy problems. Numerical Functional Analysis and Optimization, 22, 861-864.

Esser E, Zhang X, Chan T F. 2010. A general framework for a class of first order primal-dual algorithms for convex optimization in imaging science. Siam Journal On Imaging Scienc, 3:1015-1046.

Evjen H M. 1936. The place of the vertical gradient in gravitational interpretations. Geophysics, 1:127-136.

Farquharson C G, Oldenburg D W, Haber E, et al. 2002. An algorithm for the three-dimensional inversion of magnetotelluric data. SEG 72nd Annual Meeting, 649-652.

Fasino D, Inglese G. 1999. Discrete methods in the study of an inverse problem for Laplace's equation, IMA Journal Numerical Analysis, 19:105-118.

Fedi M, Florio G. 2001. Detection of potential field source boundaries by enhanced horizontal derivative method. Geophysical Prospecting, 49:40-58.

Finsterle S, Kowalsky M B, Oberdrster C, et al. 2007. Joint inversion of hydrological and geophysical data: too much information? American Geophysical Union, Fall Meeting, ♯NS43A-04.

Franke A, Borner R U, Spitzer K. 2007. Adaptive unstructured grid finite element simulation of two-dimensional magnetotelluric fields for arbitrary surface and seafloor topography. Geophysical Journal International, 171(1):71-86.

Friaha. 1994. Factor analysis of ambiguity in geophysics. Geophysics, 59(7):1083-1097.

Frieden B R. 1972. Restoring with maximum likelihood and maximum entropy. Journal of the Optical Society of America A, 62(2):511-518.

Fu H Y. 2006. Efficient minimization methods of mixed l2-l1 and l1-l1 norms for image restoration. SIAM Journal on Scientific Computing, 27(6):1881-1902.

Ganse A A. 2008. A geophysical inverse theory primer. NewJersey, USA: Princeton University Press.

Gerchberg R W. 1974. Super resolution through error energy reduction. OPTICA ACTA, 21:709-702.

Gerchberg R W, Saxton W O. 1972. A practical algorithm for the determination of phase from image and diffraction plane picture. Optik, 35(2):237-246.

Girolami M，Fyfe C. 1997. An extended exploratory projection pursuit network with linear and nonlinear anti-hebbian lateral connection applied to the cock-tail party problem. Neural Networks,10(9):160-1618.

Glamery B L M. 1967. Restoration of turbulence degraded imagery. Journal of the Optical Society of America A,157(3):293-297.

Glaznev V N，Alecksey B R，Galina B S. 1996. Three-dimensional density and thermal model of the Fennoscandian lithosphere. Tectonophysics,258:15-33.

Granger H. 1989. Apparent density mapping and 3D gravity inversion in the easternAlpr. Geophysical prospecting,37(3):279-292.

Grauch V J S. 1993. Limitations on digital filtering of the DNAG magnetic data set for the conterminous U. S. . Geophysics,58(9):1281-1294.

Gustafsson T，Lindgren U，Sahlin H. 2000. Statistical analysis of a signal separation method based on second order statistics. IEEE Transactionson Signal Processing, 45-48.

Haber E. 2005. Quasi-Newton methods for large-scale electromagnetic inverse problems. Inverse Problems,21(1):305-323.

Haber E，Ascher U M，Oldenburg D W. 2004. Inversion of 3D electromagnetic data in frequency and time domain using an inexact all-at-once approach. Geophysics, 69 (5):1216-1228.

Haber E，Ascher U M，Oldenburg D W. 2000. On optimization techniques for solving nonlinear inverse problems. Inverse Problems,16(5):1263-1280.

Haber E，Oldenburg D W，Shekhtman R. 2007. Inversion of time domain three-dimensional electromagnetic data. Geophysical Journal International, 171 (2): 550-564.

Hanke M，Scherzer O. 1991. Inverse problems light:numerical differentiation. American Mathematical Monthly,98:847-850.

Hansen P C. 1990. Truncated singular value decomposition solutions to discrete ill-posed problems with ill-determined numerical ranks. SIAM Journal on Scientific Computing,11(3):503-518.

Hansen R O. 1999. An analytical expression for the gravity field of a polyhedral body with linearly varying density. Geophysics,64(1):75-77.

Harris J L. 1966. Image evaluation and restoration. Journal of the Optical Society of America,156(3):569-574.

Hartman R R，Teskey D J，Friedberg J L. 1971. A system for rapid digital aeromagnetic interpretation. Geophysics,36:891-918.

Hao D N,Hien P M. 2003. Stability results for the Cauchy problem for the Laplace equation in a strip. Inverse Problems,19:833-844.

Hao D N,Hien P M,Sahli H. 2007. Stability results for a Cauchy problem for an elliptic equation. Inverse Problems,23:421-461.

He B S,Yuan X M. 2012. Convergence analysis of primal-dual algorithms for a saddle-point problem:from contraction perspective. SIAM Journal on Imaging,5(1):119-149.

Hedlund E. 1992. Endoatmospheric interceptor test capabilities in the NSWC hypervelocity tunnel. Annual Interceptor Technology Conference,Huntsville,AL,AIAA,2758.

Hedlund E,Collier A,Murdaugh W. 1992. Aero-optical testing in the NSWC hypervelocity wind tunnel. Annual Interceptor Technology Conference,Huntsville,AL,AIAA,92-2797,12.

Hellstrom C W. 1967. Image restoration by the method of least-squares. Journal of the Optical Society of America,157(3):297-303.

Hermann Z. 1993. 3D joint inversion of magnetic and gravimetric data with apriori information. Geophysical Journal International,112(2):244-256.

Holden M S,Craig J E,Kolly J M. 1995. Instrumentation for flow calibration and vehicle measurements in hypervelocity flows in the LENS facility. IEEE Instrumentation in Aerospace Simulation Facilities,ICIASF (18):4721-4723.

Holland J G. 1978. Behaviorism part of the problem or part of the solution. Journal of Applied Behavior Analysis,1(1):163-174.

Hon Y,Wei T. 2001. Backus-Gillbert algorithm for the Cauchy problem of the Laplace equation. Inverse Problems,17:261-271.

Hsu S K,Sibuet J C,Shyu C T. 1996. High-resolution detection of geologic boundaries from potential-field anomalies:an enhanced analytic signal technique. Geophysics,61:40-58.

Hu W,Abubakar A,Habashy T M. 2011. Joint electromagnetic and seismic inversion using structural constraints. Geophysics,76(3):69-80.

Hunt B R. 1978. Digital image processing in application of digital singnal processing. A. Oppenheim,Ed. ,New Jersey:Prentice Hall,375-267.

Hunt B R. 1973. The application of constrained least squares estimation to image restoration by digital computer. IEEE Transactions On Computers,22(7):805-812.

Hyvarinen A. 2008. Independent Component Analysis. 北京:电子工业出版社.

Hyvarinen A. 1998. Noisy independent component analysis, maximum likelihood estimation, and competitive learning. Presented at IEEE World Congress on Computational Intelligence.

Hyvarinen A, Pajunen P. 1999. Nonlinear independent component analysis: existence and uniqueness results. Neural Networks, 12(3): 429-439.

Inglese G. 1997. An inverse problem in corrosion detection. Inverse Problems, 13: 977-994.

Ivan M. 1993. Line integrals of potential field data. Geophysical prospecting, 42(7): 735-743.

Jackson D D. 1972. Interpretation of inaccurate, insufficient, and inconsistent data. Geophysical Journal Royal Astronomical Society, 28: 97-109.

Jefferies S, Schulze K, Matson C, et al. 2002. Blind deconvolution in optical diffusion tomography. Optics Express, 10(1): 46-53.

Jeng Y, Lee Y L, Chen C Y, et al. 2003. Integrated signal enhancements in magnetic investigation in archaeology. Journal of Applied Geophysics, 53: 31-48.

Jones F W, Pascoe L J. 1971. A general computer program to determine the perturbation of alternating electric currents in a two-dimensional model of a region of uniform conductivity with an embedded inhomogeneity. Geophysical Journal Royal Astronomical Society, 24: 3-30.

Jutten C, Herault J. 1991. Blind separation of sources, part I: an adaptive algorithm based on neuromimetic architecture. Signal Processing, 24(1): 1-10.

Kang M G, Katsaggelos A K. 1995. General choice of the regularization functional in regularized image restoration. IEEE Transactions On Image Processing, 4(5): 594-602.

Karayiannis N B, Venetsanopoulos A N. 1989. Regularization theory in image restoration: the regularizing operator approach. Optical Engineering, 28(7): 761-780.

Kathunen J, Pajunen P, Oja E. 1998. The nonlinear PCA criterion in blind source separation: relations with other approaches. Neurocomputing, 22: 2-20.

Katsaggelos A K, Kang M G. 1995. Spatially adaptive iterative algorithm for the restoration of astronomical images. International Journal of Image System Technology, 6(4): 305-313.

Kawamoto T, Hotta K, Mishima T, et al. 2000. Estimation of single tones from chord sounds using non-negative matrix factorization. Neural Network,3:429-436.

Kay S M. 1993. Fundamentals of statistical signal processing. New Jersey: Prentice Hall.

Kelbert A,Egbert G D,Schultz A. 2008. Non-linear conjugate gradient inversion for global EM induction:resolution studies. Geophysical Journal International,173(2): 365-381.

Kelso J. 1993. Boresight error slope predictions versus flight test results in a hypersonic flow field, AIAA and SDIO. Annual Interceptor Technology Conference, 2nd, Albuquerque,NM,AIAA 93-2688,9.

Kennelly P J. 1989. Flexure and isostatic gravity of the Serra, Nevada. Journal of Geophysical Research,84,B2,1759-1764.

Keshavan H R,Srinath M D. 1977. Sequntial estimation technique for enhancement of noisy images. IEEE Transactions On Computers,26(4):971-987.

Key K,Weiss C. 2006. Adaptive finite element modeling using unstructured grids:the 2D magnetotelluric example. Geophysics,71(6):291-299.

Kirsch A. 1996. An introduction to the mathematical theory of inverse problems. New York:Springer-Verlag.

Kobayashi K. 2000. Numerical solution of the Cauchy problem in plane elastostatics. Journal of Inverse and Ill-posed Problems,8:541-560.

Korejwo H A,Holden M S. 1992. Ground test facilities for aerothermal and aero-optics evaluation of hypersonic interceptors. Aerospace Design Conference, Irvine, CA, AIAA 92-1074,328-337.

Krishna M R. 1996. Isostatic response of the Central Indan Ridge (Western Indian Ocean) based on transfer function analysis of gravity and bathymetry data. Tectonophysics,257(24):137-148.

Kundur D, Hatzinakos D. 1996. Blind image deconvolution. IEEE Signal Processing magazine,96:43-64.

Lane R. 2008. The role and practice of property optimization to help evaluate 3D geological models using gravity and magnetic data. Eos Trans. AGU Fall Meeting Supplement,89(53):GP52A-03.

Lane R G,Bates R H T. 1987. Automatic multidimensional decouvolution. Journal of the Optical Society of America,4(1):180-188.

Lee T W,Bell A J,Lambert R H. 1997. Blind separation of delayed and convolved sources. Advances in Neural Information Processing Systems,9:758-764.

Lee T W, Girolami M, Sejnowski T J. 1999. Independent component analysis using an extended informax algorithm for mixed sub-Gaussian and super-Gaussian source. Neural Computation, 11(2):417-441.

Li Y, Oldenburg D W. 2003. Fast inversion of large-scale magnetic data using wavelet transforms and logarithmic barrier method. Geophysical Journal International, 152: 251-265.

Li Y, Oldenburg D W. 1998. 3-D inversion of gravity data. Geophysics, 63:109-119.

Li Y, Pek J. 2008. Adaptive finite element modeling of two-dimensional magnetotelluric fields in general anisotropic media. Geophysical Journal International, 175 (3): 942-954.

Lindrith C. 1979. Gravimetric expression of graben faulting in Santa Fe Country and the Espanola basin. New Mexico. 30th Field Conference New Mexico Geology Society, 59-64.

Lin C, Tan H, Tong T. 2008. Three-dimensional conjugate gradient inversion of magnetotelluric sounding data. Applied Geophysics, 5(4):314-321.

Liu B, Wang L, Liu Y, et al. 2010. An effective hybrid particle swarm optimization for batch scheduling of polypropylene processes. Computers and Chemical Engineering, 34(4,5):518-528.

Liu C S. 2012. Optimally scaled vector regularization method to solve ll-posed linear problems. Applied Mathematics and Computation, 218(21):10602-10616.

Lobkovsky L I, Ismail-Zadeh A T, Krasovsky S S, et al. 1998. Gravity ano malies and possible formation mechanism of the Doieper-Donets Basin. Tectonophysics, 268(1-4):281-292.

Lu C J. 2010. Integrating independent component analysis-based denoising scheme with neural network for stock price prediction. Expert Systems with Applications, 37 (10):7056-7064.

Lucy L B. 1974. An iterative technique for the rectification of observed distributions. Astronomical Journal, 79(5):745-754.

Luenberger D G. 1999. Optimization by vector space methods. New York: Wiley.

Mackie R L, Madden T R. 1993. Three-dimensional magnetotelluric inversion using conjugate gradients. Geophysical Journal International, 115(1):215-229.

Mackie R L, Madden T R, Wannamaker P E. 1993. Three-dimensional magnetotelluric modeling using difference equations-theory and comparisons to integral equation solutions. Geophysics, 58(2):215-226.

Mackie R L, Rodi W L, Watts M D. 2001. 3D magneto telluric inversion for resource exploration. SEG 71st Annual Meeting, 1501-1504.

Mackie R L, Smith J T, Madden TR. 1994. Three-dimensional electromagnetic modeling using finite difference equations: the magnetotelluric example. Radio Science, 29 (4):923-935.

Majhi R, Panda G, Majhi B, et al. 2009. Efficient prediction of stock market indices using adaptive bacterial foraging optimization (ABFO)and BFO based techniques. Expert Systems with Applications, 36(6):10097-10104.

Makeig S, Jung T P, Bell A J, et al. 1997. Blind separation of auditory event-related brain responses into independent components. Proceedings of the National Academy of Sciences of the United States of America, 94(20):10979-10984.

Maris V, Wannamaker P E. 2010. Parallelizing a 3D finite difference MT inversion algorithm on a multicore PC using OpenMP. Computers & Geosciences, 36(10): 1384-1387.

Marte C, Souriau A. 1989. A morphological method of geometric analysis of images: application to the Indian Ocean. Journal of Geophysical Research, 94, B2, 1715-1726.

McGillivray P R, Oldenburg D W, Eills R G, et al. 1994. Calculation of sensitivities for the frequency-domain electromagnetic problem. Geophysical Journal International, 116(1):1-4.

Mckeown M J, Li J, Huang X M, et al. 2007. Local linear discriminant analysis (LLDA) for group and region of interest (ROI)-based fMRI analysis. Neuroimage, 37(3): 855-865.

Menke W. 1984. Geophysical dataanalysis: discrete inverse theory. USA: William Menke Academic Press.

Miller C R, Routh P S. 2007. Resolution analysis of geophysical images: comparison of point spread function and region of data influence measures. Geophysical Prospecting, 55(6):835-852.

Miller H G, Singh V. 1994. Potential field tilt-a new concept for location of potential field sources. Journal of Applied Geophysics, 32:213-217.

Mitsuhata Y, Uchida T. 2004. 3D magneto telluric modeling using the T-Ω finite-element method. Geophysics, 69(1):108-119.

Mohan N L, Babu A. 1995. An analysis of 3D analytic signal. Geophysics, 60 (2): 531-536.

Moulines E,Cardoso J F,Gassiat E. 1997. Maximum likelihood for blind separation and deconvolution of noisy signals using mixture models. Presented at IEEE International Conference on Acoustics,Speech,and Signal Processing,Vols I-V.

Muller J P. 1988. Digital image processing in remote sensing. PhiladelphiaTaylor & Francis.

Nabighian M N. 1974. Additional comments on the analytic signal of two-dimensional magnetic bodies with polygonal cross-section. Geophysics,39,85-92.

Nabighian M N. 1972. The analytic signal of two-dimensional magnetic bodies with polygonal cross-section; its properties and use for automated anomaly interpretation. Geophysics,37:507-17.

Nagihara S, Hall S A. 2001. Three-dimensional gravity inversion using simulated annealing:constraints on the diapiric roots of allochthonous salt structures. Geophysics,66(5): 2741-2753.

Nagy J,Strakos Z. 2000. Enforcing nonnegativity in image reconstruction algorithms. Mathematical Modeling,Estimation,and Imaging,182-190.

Nahi N E. 1972. Role of recursive estimation in statistical image enhancement. Proceedings of the IEEE,60(8):872-877.

Nam M J. 2007. 3D magnetotelluric modeling including surface topography. Geophysical Prospecting,55(2):277-287.

Nashed M Z. 1976. Aspects of generalized invtases in analysis and regularization. New York:Generalized Inverses and Applications,Academic Press.

Negi J G,Agrawal J G,Thakur J G. 1989. Inversion of regional features of the deep and main geology of India. Tectonophysics,165:155-165.

Newman G A. 1995. Crosswell electromagnetic inversion using integral and differential equations. Geophysics,60(3):899-911.

Newman G A,Alumbaugh D L. 2000. Three-dimensional magnetotelluric inversion using non-linear conjugate gradients. Geophysical Journal International,140(2):410-424.

Newman G A, Alumbaugh D L. 1997. Three-dimensional massively parallel electromagnetic inversion - I . theory. Geophysical Journal International, 128 (2): 345-354.

Newman G A,Boggs P T. 2004. Solution accelerators for large-scale three-dimensional electromagnetic inverse problems. Inverse Problems,20(6):151-170.

Newman G A,Commer G A. 2008. New advances in three-dimensional controlled-source electromagnetic inversion. Geophysical Journal International,172(2):513-535.

Newman G A, Commer M. 2009. Three-dimensional controlled-source electromagnetic and magneto telluric joint inversion. Geophysical Journal International, 178 (3): 1305-1316.

Newman G A, Commer M. 2005. New advances in three dimensional transient electromagnetic inversion. Geophysical Journal International, 160(1):5-32.

Newman G A, Hoversten G M. 2000. Solution strategies for 2D and 3D electromagnetic inverse problems. Inverse Problems, 16(5):1357-1375.

Newman G A, Recher S, Tezkan B, et al. 2003. 3D inversion of a scalar radio magnetotelluric field data set. Geophysics, 68(3):791-802.

Nocedal J, Wright S J. 2006. Numerical optimization (2nd edition). USA: Springer Press.

Nomura T, Eguchi M, Niwamoto H, et al. 1996. An extension of the Herault-Jutten network to signals including delays for blind separation. Neural Networks for Signal Processing Vi, 443-452.

Oja E. 1997. The nonlinear PCA learning rule and signal separation-mathematical analysis. Neuro computing, 17:25-45.

Oldenburg D, Li Y. 1999. Estimating the depth of investigation in dc resistivity and IP surveys. Geophysics, 64(2):403-416.

Oldenburg D W, Li Y G. 2005. Inversion for applied geophysics: a tutorial. in: near-surface geophysics. SEG Investigations in Geophysics Series, 13:89-150.

Oldenborger G A, Routh P S. 2009. The point-spread function measure of resolution for the 3D electrical resistivity experiment. Geophysical Journal International, 176(2): 405-414.

Oldenborger G A, Routh P S, Knoll M D. 2005. Sensitivity of electrical resistivity tomography data to electrode position errors. Geophysical Journal International, 163:1-9.

Oppenheim A V, Schafer R W, Stockham T G. 1968. Nonlinear filtering of multiplied and convolved signals. Proceedings of the IEEE, 56(3):1264-1291.

Pajunen P, Hyvarinen A, Karhunen J. 1996. Nonlinear blind source separation by self-organizing maps. Presented at Proceedings International Conference on Neural Information Processing.

Pankratov O V, Kuvshinov A V. 2010a. Fast calculation of the sensitivity matrix for responses to the earth's conductivity: general strategy and examples. Physics of the Solid Earth, 46(9):788-804.

Pankratov O V, Kuvshinov A V. 2010b. General formalism for the efficient calculation of derivatives of EM frequency-domain responses and derivatives of the misfit. Geophysical Journal International, 181(1):229-249.

Papoulis A. 1975. A new algorithm in spectral analusis and band-limited extrapolation. IEEE Transaction on Circuits and Systems, 21(9):735-742.

Parson B. 1983. The relationship between surface topography, gravity anomalies and temperature structure of convection. Journal of Geophysical Research, 88:9721-9739.

Pawlowski R S, Hansen R O. 1990. Gravity anomaly separation by Wiener filtering, Geophysics. 55(3):539-548.

Payne L. 1975. Improperly posed problems in partial differential equations. SIAM, Philadelphia.

Payne L. 1970. On a priori bounds in the Cauchy Problems for elliptic equations. SIAM Journal on Mathematical Analysis, 1:82-89.

Payne L. 1960. Bounds in the Cauchy problem for the Laplace equation. Archive for Rational Mechanics and Analysis, 5:35-45.

Pearlmuter B A, Parra L C. 1996. A context-sensitive-generalization of ICA. In:Neural Information Processing. International Conference on Neural Information Processing, 151-157.

Phillips D L. 1988. A technique for the numerical solution of certain integral equations of the first kind. Journal of ACM, 19(1):84-97.

Pinto V, Casas A. 1996. An interactive 2D and 3D gravity modeling program for IBM-compatible personal computers. Computers & Geosciences, 22(5):535-546.

Pohanka L. 1988. Optimum expression for computation of the gravity field of a homogeneous polyhedral body. Geophysical Prospecting, 37:733-751.

Proakis J G. 1989. Digital communication(2nd edition), New York:McGraw Press.

Reid A B, 1990. Magnetic interpretation in three dimensions using Euler deconvolution. Geophysics, 55:80-91.

Richardson W H. 1972. Bayesian-based iterative method of image restoration. Journal of the Optical Society of America, 62(1):55-59.

Rodi W L. 1976. A technique for improving the accuracy of finite element solution for magnetotelluric data. Geophysical Journal Royal Astronomical Society, 44(2):483-506.

Rodi W L, Mackie R L. 2001. Nonlinear conjugate gradients algorithm for 2D magnetotelluric inversion. Geophysics,66(1):174-187.

Roy B,Clowes R M. 2000. Seismic and potential field image of Guichon Creek batholith, British Columbia, Comada, to delineate structures hosting Porphyry copper deposits. Geophysics,65(5):1418-1434.

Rudin L I, Osher S, Fatemi E. 1992. Nonlinear total variation based noise removal algorithms. Physica,60:259-268.

Rung-Arunwan T,Siripunvaraporn W. 2010. An efficient modified hierarchical domain decomposition for two-dimensional magnetotelluric forward modeling. Geophysical Journal International,183(2):634-644.

Saab R,Yilmaz O,McKeown M J,et al. 2007. Underdetermined anechoic blind source separation via l(q)-basis-pursuit with q < 1. IEEE Transactions on Signal Processing,55(8):4004-4017.

Sasaki Y. 2004. Three-dimensional inversion of static-shifted magnetotelluric data. Earth Planets Space,56(2):239-248.

Sasaki Y. 2001. Full 3D inversion of electromagnetic data on PC. Journal of Applied Geophysics,46(1):45-54.

Sedin J H,Fienup J R. 1990. Iterative blind deconvolution algorithm applied to phase retrieval. Journal of the Optical Society of America,7(3):428-433.

Sergei P,Eberhard S. 2005. On the adaptive selection of the parameter in regularization of ill-posed problems. SIAM Journal on Numerical Analysis,43(5):2060-2076.

Siripunvaraporn W. 2012. Three-dimensional magneto telluric inversion:an introductory guide for developers and users. Surveys in Geophysics,33:5-27.

Siripunvaraporn W, Egbert G. 2009. WSINV3DMT:vertical magnetic field transfer function inversion and parallel implementation. Physics of the Earth and Planetary Interiors,173(4):317-329.

Siripunvaraporn W, Egbert G. 2007. Data space conjugate gradient inversion for 2D magnetotelluric data. Geophysical Journal International,170(3):986-994.

Siripunvaraporn W,Egbert G. 2000. An efficient data-subspace inversion method for 2D magnetotelluric data. Geophysics,65(3):791-803.

Siripunvaraporn W,Egbert G,Lenbury Y,et al. 2005. Three-dimensional magnetotelluric inversion:data-space method. Physics of the Earth and Planetary Interiors,150(1):3-14.

Siripunvaraporn W,Egbert G,Lenbury Y. 2002. Numerical accuracy of magnetotelluric modeling:a comparison of finite difference approximations. Earth Planets Space,54

(6):721-725.

Sklar B. 1996. Rayleigh fading channels in mobile digital communication system,Part I:
    Characterization. IEEE Communications Magazine,35(7):90-100.

Slepian D. 1967. Restoration of photographs blurred by image motion. Bell System
    Technical Journal,146(5):2353-2362.

Smith J T. 1996. Conservative modeling of 3D electromagnetic fields,part I :properties
    and error analysis. Geophysics,61(5):1308-1318.

Smith J T, Booker J R. 1991. Rapid inversion of two- and three-dimensional
    magnetotelluric data. Journal of Geophysical Research,96:3905-3922.

Smith J T, Booker J R. 1988. Magnetotelluric inversion for minimum structure.
    Geophysics,53(12):1565-1576.

Snieder R, Trampert J. 1999. Inverse problems in geophysics, wavefield inversion.
    Berlin:Springer Verlag,119-190.

Sorouchyari E. 1991. Blind separation of sources, part III: stability analysis. Signal
    Processing,24(1):21-29.

Subasi A, Gursoy M I. 2010. EEG signal classification using PCA, ICA, LDA and
    support vector machines. Expert Systems with Applications,37(12):8659-8666.

Suryanarayanan S, Karellas A, Vedantham S, et al. 2004. A perceptual evaluation of
    JPEG 2000 image compression for digital mammography, contrast-detail
    characteristics. Journal of Digital Imaging ,7(1):64-70.

Sven F. 2003. Resolution, stability and efficiency of resistivity tomography estimated
    from a generalized inverse approach. Geophysical Journal International, 153:
    305-316.

Taleb A, Jutten C. 1999. Source separation in post-nonlinear mixtures. IEEE
    Transactions on Signal Processing,47(10):2807-2820.

Tassis G A,Tsokas G N,Hansen R O,et al. 2008. Two dimensional inverse filtering for
    the rectification of the magnetic gradiometry signal. Near Surface Geophysics, 6:
    113-122.

Taxt T. 2001. Three-dimensional blind deconbolution of ultrasound images. IEEE
    Transactions on Ultrasonics,Ferroelectrics and Frequency Control,18(4):867-871.

Thi H L N,Jutten C. 1995. Blind source separation for convolutive mixtures. Signal
    Processing,45:209-229.

Thomsom D T. 1982. EULDPDTH:a new technique for making computer-assisted depth
    estimates from magnetic data. Geophysics,47(1):31-37.

Thureton J B,Brown RJ. 1994. Automatic source-edge location with a new variable pass-band,horizontal-gradient operator. Geophysics,59(4): 546-554.

Tikhonov A N,Arsenin V Y. 1977. Solution of ill-posed problems. W. H. Washington, D. C;Winston and Sons.

Tong L,Liu R W,Sonn V C,et al. 1991. Indeterminacy and identifiability of blind identification. IEEE Transactions on Circuits and Systems,38:499-509.

Tsivouraki B,Tsokas G N. 2007. Wavelet transform in denoising magnetic archaeological prospecting data. Archaeological Prospection,14:130-141.

Tsokas G N,Papazachos C B. 1992. Two-dimensional inversion filters in magnetic prospecting:application to the exploration for buried antiquities. Geophysics, 57 (8):1004-1013.

Tsumuraya F,Miura N,Baba N. 1994. Iterative blind deconvolution method using Lucy's algorithm. Astronomy and Astrophysics,282(2):699-708.

Tugnait I K. 1992. A globally convergent adaptive blind equalizer based on second and fourth order statics. In SUPERCOMM/ICC,3:1508-1502.

Varoquaux G,Sadaghiani S,Pinel P,et al. 2010. A group model for stable multi-subject ICA on fMRI datasets. Neuro Image,51(1):288-299.

Verduzco B,Fairhead J D,Green C M,et al. 2004. The meter reader-New insights into magnetic derivatives for structural mapping. The Leading Edge,23:116-119.

Villain N,Goussard Y,Idier J,et al. 2003. Three-dimensional edge-preserving image enhancement for computed tomography. IEEE Transactions on Medical Imaging,22 (10):1275-1288.

Vincent E. 2005. Musical source separation using time-frequency source priors. IEEE Transaction on Speech and Audio Processing,1-8.

Vogel C R. 2002. Computational methods for inverse problems. Society for Industrial and Applied Mathematics,59-71.

Vogel C R,Oman M E. 1996. Iterative methods for total variation denosing. SIAM Journal on Scientific and Statistical Computation17:227-238.

Wagener M. 1989. Regional three-dimensional gravity iverstigations in the Black Forest, south western Germany. Tectonophysc,5:13-23.

Wang Y,Jia X,Cheng J. 2002. A numerical differentiation method and its application to reconstruction of discontinuity. Inverse Problems,18:1461-1476.

Wang Y, Wei T. 2005. Numerical differentiation for two-dimensional scattered data. Applied Mathematics Letters,312:121-137.

Wang Y B. 2005. Numerical differentiation and Applications. Shanghai: Fudan University.

Wang Y B,Hon Y C,Cheng J. 2006. Reconstruction of high order derivatives from input data. Journal of Inverse and Ill-Posed Problems,14:205-218.

Wannamaker P E. 2005. Anisotropy versus heterogeneity in continental solid earth electromagnetic etudies: fundamental response characteristics and implications for physicochemical state. Surveys in Geophysics,26(6):733-765.

Wannamaker P E,Stodt J A,Rijo L. 1987. A stable finite element solution for two-dimensional magnetotelluric modeling. Journal of the Optical Society of America,88(1):277-296.

Wijk V S K,Scales J A,Navidi W,et al. 2002. Data and model uncertainty estimation for linear inversion. Geophysical Journal International,149:625-632.

Wijns C,Perez C,Kowalczyk P. 2005. Theta map: edge detection in magnetic data. Geophysics,70(4):39-43.

Xie G,Li J,Majer E,et al. 3D electromagnetic modeling and nonlinear inversion. Geophysics,65(3):804-822.

Xiong Z. 1999. Domain decomposition for 3D electromagnetic modeling. Earth Planets Space,51(10):1013-1018.

Yang D,Oldenburg D W. 2012. Three-dimensional inversion of airborne time-domain electromagnetic data with applications to a porphyry deposit. Geophysics,77(2):B23-B34.

Yang H H,Amar S,Cichocki A. 1998. Information-theoretic approach to blind separation of sources in nonlinear mixture. Signal Processing,64(7):291-300.

Yang J,Zhang Y,Yin T W. 2010. A fast alternating direction method for TV l1-l2 signal reconstruction from partial Fourier data. IEEE Journal of Selected Topics in Signal Processing,Special Issue on Compressed Sensing,4(2):288-297

Yang X,Cheng J. 2003. An inverse problem in detecting corrosion in a pipe. Journal of Ningxia University (Natural Science Edition),24:215-217.

Yellin D,Wensten E. 1994. Criteria for multichannel signal separation. Signal Processing,IEEE Transactions on,42(8):2158-2168.

Yu B,Zhai G J,LiuY C,et al. 2009. Analysis of noise effect on the calculation error of downward continuation with iteration method. Chinese Journal Geophysics,52(8):2182-2188.

Zadeh,M B,Jutten C,Nayebi K. 2004. Differential of the mutual information. IEEE

Signal Processing Letters,11(1):38-51.

Zhang H L,Liu T Y,Yang S Y. 2011. Calculation of gravity and magnetic source boundary based on anisotropy normalized variance. Chinese Journal Geophysics,54 (7):1921-1927.

Zhang X,Burger M,Osher S. 2010. A unified primal-dual algorithm framework based on Bregman iteration. Journal Science Computer,46:20-46.

Zhdanov M S. 2002. Geophysical inverse theory and regularization problems. Holland: Elsevier Science.

Zhdanov M S,Lee S K,Yoshioka K. 2006. Integral equation method for 3D modeling of electromagneticfields in complex structures with inhomogeneous background conductivity. Geophysics,71(6):333-345.

Zhdanov M S,Tolstaya E. 2004. Minimum support nonlinear parameterization in the solution of a 3D magnetotelluric inverse problem. Inverse Problems,20(3):937-952.

Ziolkowski A. 1984. Deconvolution. Holland:D. Reidel Publication Company.

Zou M Y,Unbenauen R. 1995. On the computational of a kind of deconvolution problem. IEEE Transaction on Image Processing,4(10):1464-1467.

Zunino A,Benvenuto,Egidio F A, et al. 2009. Iterative deconvolution and semiblind deconvolution methods in magnetic archaeological prospecting. Geophysics,74:L43-L51.

Zuo B X,Yun H X. 2012. Geophysical model enhancement technique based on blind deconvolution. Computer & Geosciences,49:170-181.

Zyserman F I,Guarracino F L,Santos J E. 1999. A hybridized mixed finite element domain decomposed method for two dimensional magnetotelluric modeling. Earth Planets Space,51(4):297-306.

Zyserman F I,Santos J E. 2000. Parallel finite element algorithm with domain decomposition for three-dimensional magnetotelluric modeling. Journal of Applied Geophysics,44(4):337-351.